Imagine Infinite!

창의영재수학

아이앤아이

영재들의 수학여행
Math Travel

고급 초등6~중등 Ⓐ 수와 연산
프랑스 파리편

창의영재수학

아이 앤 아이

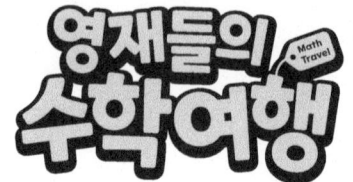
영재들의 수학여행

01 수학 여행 테마로 수학 사고력 활동을 자연스럽게 이어갈 수 있도록 하였습니다.

02 키즈 – 입문 – 초급 – 중급 – 고급으로 이어지는 단계별 창의 영재 수학 학습 시리즈입니다.

03 각 챕터마다 기초 – 심화 – 응용의 문제 배치로 쉬운 것부터 차근차근 문제해결력을 향상시킵니다.

04 각종 수학 사고력, 창의력 문제, 지능검사 문제, 대회 기출 문제 등을 체계적으로 정밀하게 다듬어 정리하였습니다.

05 과학, 음악, 미술, 영화, 스포츠 등에 관련된 융합형(STEAM)수학 문제를 흥미롭게 다루었습니다.

06 단계적 학습으로 창의적 문제해결력을 향상시켜 영재교육원에 도전해 보세요.

창의영재가 되어볼까?

교재 구성

	A(수)	**B**(연산)	**C**(도형)	**D**(측정)	**E**(규칙)	**F**(문제해결력)	**G**(워크북)
키즈 (6세 7세 초1)	수와 숫자 수 비교하기 수 규칙 수 퍼즐	가르기와 모으기 덧셈과 뺄셈 식 만들기 연산 퍼즐	평면도형 입체도형 위치와 방향 도형 퍼즐	길이와 무게 비교 넓이와 들이 비교 시계와 시간 부분과 전체	패턴 이중 패턴 관계 규칙 여러 가지 규칙	모든 경우 구하기 분류하기 표와 그래프 추론하기	수 연산 도형 측정 규칙 문제해결력

	A(수와 연산)	**B**(도형)	**C**(측정)	**D**(규칙)	**E**(자료와 가능성)	**F**(문제해결력)	**G**(워크북)
입문 (초1~3)	수와 숫자 조건에 맞는 수 수의 크기 비교 합과 차 식 만들기 벌레 먹은 셈	평면도형 입체도형 모양 찾기 도형 나누기와 움직이기 쌓기나무	길이 비교 길이 재기 넓이와 들이 비교 무게 비교 시계와 달력	수 규칙 여러 가지 패턴 수 배열표 암호 새로운 연산 기호	경우의 수 리그와 토너먼트 분류하기 그림 그려 해결하기 표와 그래프	문제 만들기 주고 받기 어떤 수 구하기 재치있게 풀기 추론하기 미로와 퍼즐	수와 연산 도형 측정 규칙 자료와 가능성 문제해결력

	A(수와 연산)	**B**(도형)	**C**(측정)	**D**(규칙)	**E**(자료와 가능성)	**F**(문제해결력)
초급 (초3~5)	수 만들기 수와 숫자의 개수 연속하는 자연수 가장 크게, 가장 작게 도형이 나타내는 수 마방진	색종이 접어 자르기 도형 붙이기 도형의 개수 쌓기나무 주사위	길이와 무게 재기 시간과 들이 재기 덮기와 넓이 도형의 둘레 원	수 패턴 도형 패턴 수 배열표 새로운 연산 기호 규칙 찾아 해결하기	가짓수 구하기 리그와 토너먼트 금액 만들기 가장 빠른 길 찾기 표와 그래프(평균)	한붓 그리기 논리 추리 성냥개비 다른 방법으로 풀기 간격 문제 배수의 활용

	A(수와 연산)	**B**(도형)	**C**(측정)	**D**(규칙)	**E**(자료와 가능성)	**F**(문제해결력)
중급 (초4~6)	복면산 수와 숫자의 개수 연속하는 자연수 수와 식 만들기 크기가 같은 분수 여러 가지 마방진	도형 나누기 도형 붙이기 도형의 개수 기하판 정육면체	수직과 평행 다각형의 각도 접기와 각 붙여 만든 도형 단위 넓이의 활용	규칙성 찾기 도형과 연산의 규칙 규칙 찾아 개수 세기 교점과 영역 개수 수 배열의 규칙	경우의 수 비둘기집 원리 최단 거리 만들 수 있는, 없는 수 평균	논리 추리 님 게임 강 건너기 창의적으로 생각하기 효율적으로 생각하기 나머지 문제

	A(수와 연산)	**B**(도형)	**C**(측정)	**D**(규칙)	**E**(자료와 가능성)	**F**(문제해결력)
고급 (초6~중등)	연속하는 자연수 배수 판정법 여러 가지 진법 계산식에 써넣기 조건에 맞는 수 끝수와 숫자의 개수	입체도형의 성질 쌓기나무 도형 나누기 평면도형의 활용 입체도형의 부피, 겉넓이	시계와 각도 평면도형의 활용 도형의 넓이 거리, 속력, 시간 도형의 회전 그래프 이용하기	암호 해독하기 여러 가지 규칙 여러 가지 수열 연산 기호 규칙 도형에서의 규칙	경우의 수 비둘기집 원리 입체도형에서의 경로 영역 구분하기 확률	홀수와 짝수 조건 분석하기 다른 질량 찾기 뉴튼산 작업 능률

책의 구성과 활용

단원들어가기

친구들의 수학여행(MatHTravel)과 함께 단원이 시작됩니다. 여행지에서 수학문제를 발견하고 창의적으로 해결해 나갑니다.

아이앤아이 수학여행 친구들

전 세계 곳곳의 수학 관련 문제들을 풀며 함께 세계여행을 떠날 친구들을 소개할게요!

무우

팀의 맏리더. 행동파 리더.
에너지 넘치는 자신감과 무한 긍정으로 팀원에게 격려와 응원을 아끼지 않는 팀의 맏형, 솔선수범하는 믿음직한 해결사예요.

상상

팀의 챙김이 언니, 아이디어 뱅크.
감수성이 풍부하고 공감력이 뛰어나 동생들의 고민을 경청하고 챙겨주는 맏언니예요.

알알

진지하고 생각많은 똘똘이 알알이.
겁 많고 부끄럼 많고 소심하지만 관찰력이 뛰어나고 생각 깊은 아이에요. 야무진 성격을 보여주는 알밤머리와 주근깨 가득한 통통한 볼이 특징이에요.

제이

궁금한게 많은 막내 엉뚱이 제이.
엉뚱한 질문이나 행동으로 상대방에게 웃음을 주어요. 주위의 것을 놓치고 싶지 않은 장난기가 가득한 매력덩어리입니다.

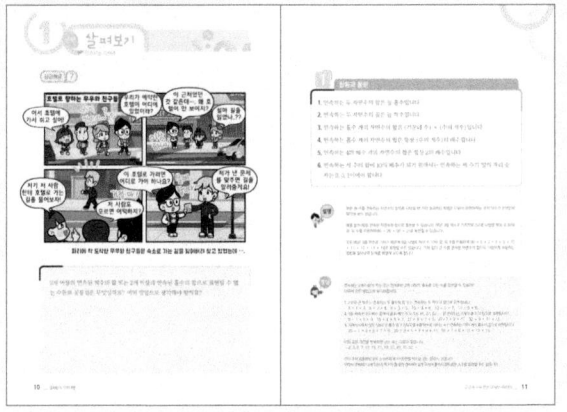

단원의 주제되는 내용을 정리하고 '궁금해요' 문제를 풀어봅
니다.

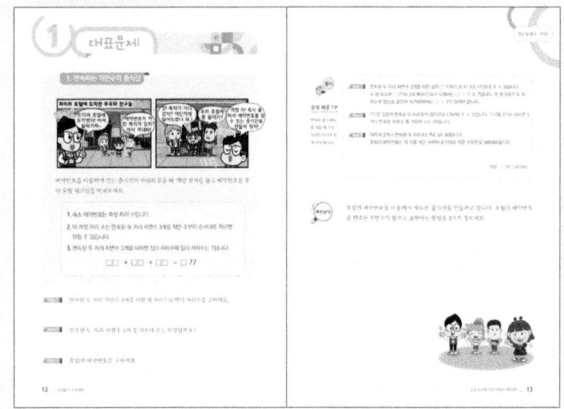

대표되는 문제를 단계적으로 해결하고 '확인하기' 문제를 풀
어봅니다.

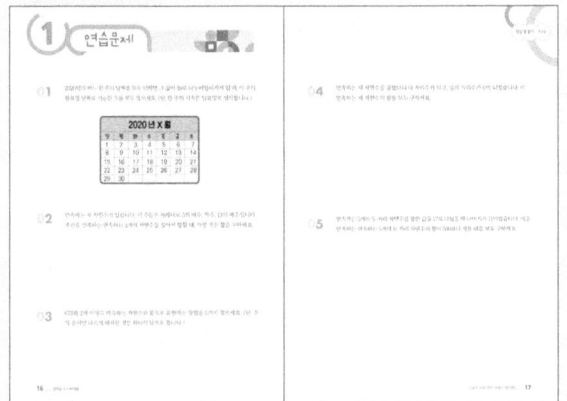

단원살펴보기 및 대표문제에서 익힌 내용을 알차게 구성된
사고력 문제를 통해 점검하며 주제에 대한 탄탄한 기본기를
다집니다.

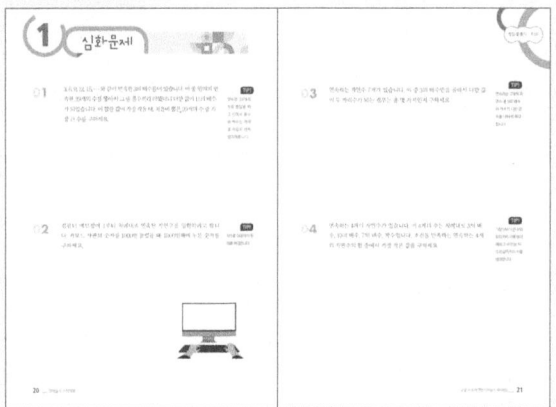

단원에 관련된 문제의 이해와 응용력을 바탕으로 창의적 문
제 해결력을 기릅니다.

창의력 응용문제, 융합문제를 풀며 해당 단원 문제에 자신감
을 가집니다.

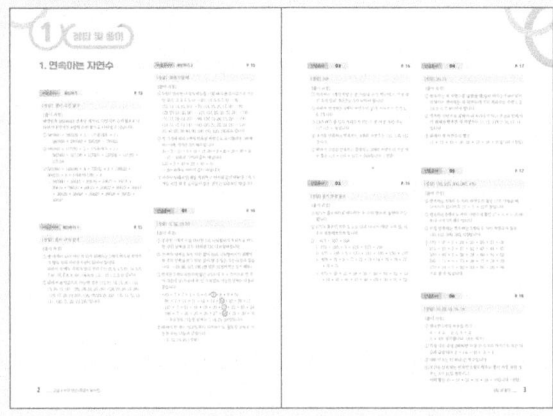

상세한 풀이과정과 함께 수학적 사고력을 완성합니다.

차례
CONTENTS 고급 초6~중등 **A** 수와 연산

가우스의 일화!

독일의 한 초등학교의 수학 수업 중 학생들이 말을 듣지 않고 떠들자 학생들을 조용히 만들기 위해 선생님은 복잡하고 오래 걸리는 수학 문제를 냈습니다.

이 선생님이 낸 문제는 "1부터 100까지의 모든 자연수를 더한 값을 계산해봐라" 였습니다. 반에 있던 대다수의 학생들은 저걸 어떻게 계산하냐며 포기하거나, 직접 하나하나 계산하였지만 이 문제를 5분도 걸리지않아 계산한 한 학생이 있었는데 이 학생이 바로 '가우스' 였습니다.

가우스가 계산한 방법은 다음과 같습니다.

$1 + 2 + 3 + 4 + 5 + \cdots + 97 + 98 + 99 + 100$은 1부터 100까지의 연속된 자연수의 합이지? 그러면 아래처럼 수들을 묶으면 모두 101로 값이 같아지겠다!

$$\underbrace{1 + \underbrace{2 + \underbrace{3 + 4 + 5 + \cdots + 97 + 98}_{101} + 99}_{101} + 100}_{101}$$

1부터 100까지는 총 100개의 자연수가 있으니까 합이 101이 되도록 2개씩 짝지으면 50개의 101이 나오게 되겠지?

그러니까 1부터 100까지의 합은 50 × 101 = 5050이구나!

이와 같이 연속하는 자연수의 성질을 이용하면 어렵고 복잡한 문제들을 쉽게 해결할 수 있습니다.

1. 연속하는 자연수

샹젤리제 거리

프랑스 파리
France Paris

프랑스 파리 첫째 날 DAY 1

무우와 친구들은 프랑스 파리 여행 첫째 날, <샹젤리제 거리>
를 여행할 예정이에요. 호텔로 이동하는 동안 무우와 친구들이
만날 수학 문제에는 어떤 것들이 있을까요?
즐거운 수학여행 출발~!

궁금해요 ?

파리에 막 도착한 무우와 친구들은 숙소로 가는 길을 잃어버려 찾고 있었는데 ….

2개 이상의 연속된 짝수의 합 또는 2개 이상의 연속된 홀수의 합으로 표현할 수 없는 수들의 공통점은 무엇일까요? 어떤 방법으로 생각해야 할까요?

1 합동과 등분

1. 연속하는 두 자연수의 합은 늘 홀수입니다.

2. 연속하는 두 자연수의 곱은 늘 짝수입니다.

3. 연속하는 홀수 개의 자연수의 합은 (가운데 수) × (수의 개수)입니다.

4. 연속하는 홀수 개의 자연수의 합은 항상 (수의 개수)의 배수입니다.

5. 연속하는 4의 배수 개의 자연수의 합은 항상 2의 배수입니다.

6. 연속하는 세 수의 합이 10의 배수가 되기 위해서는 연속하는 세 수의 일의 자리 숫자는 9, 0, 1이어야 합니다.

설명

어떤 큰 수를 연속하는 자연수의 합으로 나타낼 때 가장 효과적인 방법은 나눠서 표현하려는 수의 약수가 무엇인지 파악해 보는 것입니다.

예를 들어 90을 연속된 자연수의 합으로 표현할 수 있습니다. 90은 3을 약수로 가지므로 3으로 나눴을 때의 수 30의 앞, 뒤 수를 이용하여 90 = 29 + 30 + 31로 표현할 수 있습니다.

또한 90은 9를 약수로 가지기 때문에 9로 나눴을 때의 수 10의 앞, 뒤 수를 이용하여 90 = 6 + 7 + 8 + 9 + 10 + 11 + 12 + 13 + 14로 표현할 수도 있습니다. 이와 같이 큰 수를 연속된 자연수의 합으로 다양하게 표현하는 방법을 찾아보며 문제를 해결해 보도록 합니다.

정답

연속하는 2개 이상의 짝수 또는 연속하는 2개 이상의 홀수로 모든 수를 표현할 수 있을까?
아래와 같은 방법으로 생각해봅니다.

1. 2보다 큰 짝수는 연속하는 두 홀수의 합 또는 연속하는 두 짝수의 합으로 표현됩니다.
    4 = 1 + 3, 6 = 2 + 4, 8 = 3 + 5, 10 = 4 + 6, 12 = 5 + 7, 14 = 6 + 8, …
2. 3을 제외한 3의 배수 중에서 홀수 배인 수 9, 15, 21, 27, 33, … 은 연속하는 3개의 홀수의 합으로 표현됩니다.
    9 = 1 + 3 + 5, 15 = 3 + 5 + 7, 21 = 5 + 7 + 9, 27 = 7 + 9 + 11, 33 = 9 + 11 + 13, …
3. 위에서 다루지 않은 5보다 큰 홀수 중 1 이외의 홀수를 약수로 가지는 수는 연속하는 여러 개의 홀수의 합으로 표현됩니다.
    25 = 1 + 3 + 5 + 7 + 9, 35 = 3 + 5 + 7 + 9 + 11, 55 = 7 + 9 + 11 + 13 + 15, …

이와 같은 과정을 반복하면 남는 수는 다음과 같습니다.
→ 2, 3, 5, 7, 11, 13, 17, 19, 23, 29, 31, 37, …

위의 수의 공통점은 모두 소수(1과 자기자신만을 약수로 갖는 수)라는 것입니다.
따라서 연속하는 2개 이상의 짝수의 합 또는 연속하는 2개 이상의 홀수의 합으로는 소수를 표현할 수는 없습니다.

1. 연속하는 자연수의 충식산

예약번호를 이용하여 만든 충식산이 아래와 같을 때, 해당 문제를 풀고 예약번호를 찾아 호텔 체크인을 마쳐보세요.

> 1. 숙소 예약번호는 여섯 자리 수입니다.
>
> 2. 이 여섯 자리 수는 연속된 두 자리 자연수 3개를 작은 수부터 순서대로 적으면 만들 수 있습니다.
>
> 3. 연속된 두 자리 자연수 3개를 더하면 십의 자리수와 일의 자리수는 7입니다.
>
> $$\square\square \;+\; \square\square \;+\; \square\square \;=\; \square 77$$

Step 1 연속된 두 자리 자연수 3개를 더한 세 자리수의 백의 자리수를 구하세요.

Step 2 연속된 두 자리 자연수 3개 중 가운데 수는 무엇일까요?

Step 3 호텔의 예약번호를 구하세요.

문제 해결 TIP

연속된 값의 메뉴
를 시킬 때 가장
가격의 차이가 적
게 나게 됩니다.

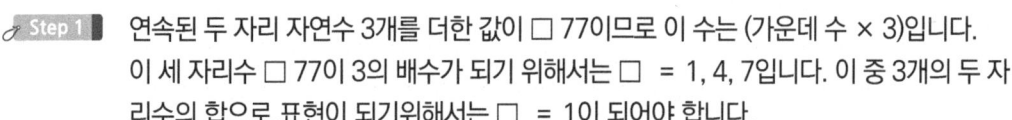

Step 1 연속된 두 자리 자연수 3개를 더한 값이 □77이므로 이 수는 (가운데 수 × 3)입니다.
이 세 자리수 □77이 3의 배수가 되기 위해서는 □ = 1, 4, 7입니다. 이 중 3개의 두 자리수의 합으로 표현이 되기위해서는 □ = 1이 되어야 합니다.

Step 2 177은 3개의 연속된 두 자리수의 합이므로 (가운데 수 × 3)입니다. 177을 3으로 나누면 3개의 연속된 자연수 중 가운데 수는 59입니다.

Step 3 따라서 3개의 연속된 두 자리수는 58, 59, 60입니다.
호텔의 예약번호는 이 수를 작은 수부터 순서대로 적은 수이므로 585960입니다.

정답 : 1 / 59 / 585960

호텔의 예약번호를 이용해서 새로운 충식산을 만들려고 합니다. 호텔의 예약번호를 연속된 자연수의 합으로 표현하는 방법을 3가지 찾으세요.

대표문제

2. 연속하는 자연수 활용

무우와 친구들 4명은 가격이 10 ~ 30유로 사이의 서로 다른 음식을 시키면서 서로 시킨 음식값의 차이가 가장 적게 나게 하려고 합니다. 시킨 음식값의 합이 10의 배수가 되서 잔돈이 생기기 않도록 하려고 할 때, 시킬 수 있는 방법의 가짓수를 구하세요.

Step 1 서로 시킨 음식값의 가장 차이가 적게 나게 하기 위해선 어떻게 음식을 시켜야 할까요?

Step 2 총 음식값이 10의 배수가 되기 위한 조건은 어떤 것이 있는지 적으세요.

Step 3 위의 조건에 맞게 이 4명이 4개의 메뉴를 시키는 방법의 가짓수를 구하세요.

풀이

   Step 1 가장 가격의 차이가 적게 나게 시키기 위해선 연속된 가격의 메뉴를 4개 시켜야 합니다.

   Step 2 총 가격이 10의 배수가 되기 위해선 4개의 연속된 자연수의 합의 일의 자리수가 0이 되어야 합니다. 따라서 각 메뉴 가격의 일의 자리수는 1, 2, 3, 4 또는 6, 7, 8, 9가 되어야 합니다.

   Step 3 시킬 수 있는 메뉴 가격은 (11, 12, 13, 14), (16, 17, 18, 19), (21, 22, 23, 24), (26, 27, 28, 29) 총 4가지입니다.
각각의 경우에 서로 다른 메뉴를 서로 다른 사람이 시킬 수 있는 방법은 4 × 3 × 2 × 1 = 24가지이므로 총 경우의 수는 24 × 4 = 96가지 입니다.

정답 : (연속된 가격의 메뉴 4가지)/ (각 메뉴의 일의 자리수 가 1, 2, 3, 4 또는 6, 7, 8, 9)/ 96가지

확인하기 1

나머지 조건은 같게 5개의 메뉴를 시켜서 함께 나눠먹으려고 할 때는 음식값이 각각 얼마일지 적으세요.

확인하기 2

이 한식당에서 시킨 메뉴의 총 금액이 60유로가 나오게 연속된 값의 메뉴를 시키면 (10, 11, 12, 13, 14)또는 (19, 20, 21)과 같이 3개 또는 5개의 메뉴를 시킬 수 있습니다. 이와 같이 연속된 값의 메뉴를 3개 시킬 때와 5개 시킬 때, 총 음식값이 같은 경우를 구하세요. (단, 60은 정답으로 인정하지 않습니다.)

연습문제

01 2020년의 어느 한 주의 날짜를 모두 더하면 그 값이 49로 나누어떨어지게 될 때, 이 주의 월요일 날짜로 가능한 수를 모두 찾으세요. (단, 한 주의 시작은 일요일로 생각합니다.)

2020 년 X 월						
일	월	화	수	목	금	토
1	2	3	4	5	6	7
8	9	10	11	12	13	14
15	16	17	18	19	20	21
22	23	24	25	26	27	28
29	30					

02 연속하는 세 자연수가 있습니다. 이 수들은 차례대로 5의 배수, 짝수, 13의 배수입니다. 조건을 만족하는 연속하는 3개의 자연수를 찾아서 합할 때, 가장 작은 합을 구하세요.

03 675를 2개 이상의 연속하는 자연수의 합으로 표현하는 방법을 5가지 찾으세요. (단, 수의 순서만 다르게 배치한 것은 하나의 답으로 봅니다.)

04 연속하는 세 자연수를 곱했더니 네 자리수가 되고, 일의 자리수가 6이 되었습니다. 이 연속하는 세 자연수의 합을 모두 구하세요.

05 연속하는 5개의 두 자리 자연수를 합한 값을 17로 나눴을 때 나머지가 11이었습니다. 이를 만족하는 연속하는 5개의 두 자리 자연수의 합이 500보다 작을 때를 모두 구하세요.

06 연속한 5개의 짝수가 있습니다. 이 5개의 짝수 중에서 가장 작은 수를 2배하면 가장 큰 수보다 커집니다. 이런 조건을 만족하는 연속한 5개의 짝수의 합이 가장 작을 때, 연속한 5개의 짝수를 구하세요.

07 연속하는 4개의 두 자리 자연수가 있습니다. 이 4개의 수를 더한 값의 십의 자리 수가 8인 경우의 수는 모두 몇 가지인지 구하세요.

08 1부터 99까지의 연속된 자연수를 적어내려갈 때, 0을 제외한 1~ 9까지의 수는 각각 몇 번 적게 될지 적으세요. (단, 77과 같은 수의 경우 7을 2번 적은 것으로 생각합니다.)

09 연속하는 한 자리 자연수 3개를 이용하여 만들 수 있는 모든 세 자리수를 합한 값이 2664일 때, 연속하는 한 자리 자연수 3개를 구하세요.

10 아래와 같이 70은 연속하는 자연수 5개와 7개의 합으로 나타낼 수 있습니다. 100부터 4000까지의 자연수 중 70과 같이 연속하는 자연수 5개 와 7개의 합으로 각각 나타낼 수 있는 짝수는 모두 몇 개일지 구하세요.

> 70 = 12 + 13 + 14 + 15 + 16
> 70 = 7 + 8 + 9 + 10 + 11 + 12 + 13

01 3, 6, 9, 12, 15, … 와 같이 연속한 3의 배수들이 있습니다. 이 중 임의의 연속한 39개의 수를 뽑아서 그 중 홀수끼리 더했더니 더한 값이 11의 배수가 되었습니다. 이 합한 값이 가장 작을 때, 처음에 뽑은 39개의 수 중 가장 큰 수를 구하세요.

TIP!
연속한 39개의 수를 뽑았을 때 그 안에서 홀수와 짝수는 각각 몇 개일지 먼저 생각해봅니다.

02 컴퓨터 메모장에 1부터 차례대로 연속된 자연수를 입력하려고 합니다. 키보드 자판의 숫자를 1000번 눌렀을 때, 1000번째에 누른 숫자를 구하세요.

TIP!
약수를 이용해서 문제를 해결합니다.

03
연속하는 자연수 7개가 있습니다. 이 중 3의 배수만을 골라서 더한 값이 두 자리수가 되는 경우는 총 몇 가지인지 구하세요.

TIP!
연속하는 7개의 자연수 중 3의 배수의 개수가 다른 경우를 나눠서 생각합니다.

04
연속하는 4개의 자연수가 있습니다. 이 4개의 수는 차례대로 3의 배수, 10의 배수, 7의 배수, 짝수입니다. 조건을 만족하는 연속하는 4개의 자연수의 합 중에서 가장 작은 값을 구하세요.

TIP!
가장 단위가 큰 수의 일의자리 수를 생각해서 그 수의 앞, 뒤 수의 일의 자리 수를 생각합니다.

01
1 + 2 = 3, 9 + 10 + 11 + 12 = 13 + 14 + 15와 같이 서로 다른 개수의 이어지는 연속된 자연수의 합이 같은 경우가 있습니다. 11개의 연속된 자연수의 합과 이어지는 10개의 연속된 자연수의 합이 같은 경우를 구하세요.

02
창의융합문제

6의 약수는 1, 2, 3, 6이고 6을 제외한 약수 1, 2, 3의 합이 6이므로 6은 완전수입니다.
완전수들은 모두 연속한 자연수의 합으로 나타낼 수 있으며, 28보다 큰 완전수는 연속
된 홀수의 세제곱의 합으로 표현이 가능할 때, 아래의 빈칸을 채우세요.

① 각 수를 연속된 자연수의 합으로 표현하세요.

6	
28	
496	
8128	

② 각 수를 연속된 홀수의 세제곱의 합으로 표현하세요.

28	
496	
8128	

프랑스 파리에서 첫째 날 모든 문제 끝!
루브르 박물관으로 이동하는 무우와 친구들에게 어떤 일이 일어날까요?

특이한 판정법!

배수 판정?

대체로 널리 알려져 있는 배수판정법은 2, 3, 4, 5 등의 배수를 판정하는 간단한 방법입니다. 7, 11, 13과 같은 소수들의 배수판정법은 많은 사람들이 접해보지 못한 경우가 많은데 이는 배수 판정법이 없는 것이 아니라 복잡하기 때문에 직접 나눠보는 것과 큰 차이가 없기 때문입니다.

예를 들어, 7의 배수판정법은 다음과 같습니다.

<7의 배수판정법>

일의 자리 수를 지운 수에서 지운 일의 자리 수의 2배를 뺀 값이 7로 나눠떨어지면 7의 배수

(예 : 91의 경우 일의 자리 수를 지운 9에서 지운 일의 자리 수 1의 2배인 2를 뺀 값이 7이고, 이는 7로 나눠떨어지므로 91은 7의 배수입니다.)

2. 배수 판정법

호텔 복도를 나서는 무우와 친구들

오늘 우리가 갈 곳은 루브르 박물관이야.

좋아!

세계에서 가장 유명한 박물관 중 하나이지!

작품이 엄청 많으니까, 보고 싶은 작품만 골라서 볼 거야.

전부 다 보면 안돼?

루브르 박물관에는 작품이 얼마나 있어?

회화 작품이 7000점, 총 35000여점의 작품이 전시되어 있지~

엣힘

한 작품을 10초씩 본다고 하면, 최소 4일이 넘게 걸리네!

뭐라고..! 그러면 어떤 작품을 볼 지 정해야 겠네.

이동하면서 생각해 보자~

쉽네~

얼렁 가보자!

샹젤리제 거리 ★ 🔻 ★ 루브르 박물관

프랑스 파리
France Paris

프랑스 파리 둘째 날 DAY 2

무우와 친구들은 프랑스 파리에 가는 둘째날, <루브르 박물관>을 여행할 예정이에요. 무우와 친구들이 르부르 박물관을 여행하며 만날 수학 문제에는 어떤 것들이 있을까요?

궁금해요 ?

지하철을 타고 가기 위해 표를 살 때 이상한 점이 발견되는데..?

2.5유로를 거슬러 받은 무우는 직접 계산해보지 않고 어떻게 계산이 잘못됐다는 것을 바로 알아차릴 수 있었을까요? (단, 화폐의 최소 단위는 센트이며 100센트 = 1유로 입니다.)

1 각종 배수판정법

1. 일의 자리수가 0, 2, 4, 6, 8인 수 : 2의 배수

2. 각 자리수의 합이 3의 배수인 수 : 3의 배수

3. 끝 두 자리 수가 00 또는 4의 배수인 수 : 4의 배수

4. 일의 자리수가 0, 5인 수 : 5의 배수

5. 2의 배수가 되는 조건과 3의 배수가 되는 조건을 모두 만족하는 수 : 6의 배수

6. 끝 세 자리 수가 000 또는 8의 배수인 수 : 8의 배수

7. 각 자리수의 합이 9의 배수인 수 : 9의 배수

8. 일의 자리수가 0인 수 : 10의 배수

설명

어떤 큰 수가 작은 수의 배수인가? 를 판단하는 문제는 우리의 일상생활에서도 자주 생각해보는 고민거리입니다.

작은 수끼리의 판별에서는 직접 나눠봐도 큰 불편함이 없지만 수의 자리수가 커질수록 직접적인 계산보다는 배수판정법을 이용할 때 효율이 높아집니다.

예를 들어 12,345,678,910,111,213과 같은 큰 수는 4로 직접 나눠보기보단 끝 두 자리수인 13만을 보고 4의 배수가 아니라고 판정할 수 있는 것입니다. 한 자리 수들의 배수판정법을 알고 있으면 보다 큰 수들의 배수판정도 쉽게 해결할 수 있습니다. 예를 들어 15의 배수인 수는 3과 5의 배수판정 조건을 모두 만족하는 수입니다.

정답

60유로를 내고 2.5유로를 거슬러 받았기 때문에 지하철 표는 총 57.5유로입니다.
가장 작은 돈의 단위는 1센트이므로 57.5유로는 5750센트이며 4장의 지하철 표를 샀으므로 5750센트가 4의 배수인지를 판별하면 계산이 정확하게 된 것인지 알 수 있습니다.

5750은 직접 4로 나눠보지 않더라도 끝의 두자리 수 50이 4의 배수가 아니므로 5750은 4의 배수가 아닙니다. 따라서 무우는 끝의 두 자리수 50만을 보고 4의 배수가 아니라고 판단하여 계산이 잘못된 것을 바로 알아차릴 수 있었던 것입니다.

※ 57.50유로가 6명의 지하철 표 값이었다면 어떻게 판정할 수 있을까?
6은 2와 3의 공배수이므로 2의 배수판정 조건과 3의 배수판정 조건을 모두 만족해야 합니다.
5750의 일의 자리수는 0으로 2의 배수판정 조건에는 맞으나 5750의 각 자리수의 합인 5 + 7 + 5 = 17은 3의 배수가 아니므로 3의 배수판정 조건에는 맞지 않습니다.
따라서 6명의 지하철표를 샀을 때, 총 가격이 57.50유로였다면 계산이 잘못된 것입니다.

② 대표문제

1. 배수판정하는 방법

무우는 쿠키 6개와 커피 4잔을 시켰습니다. 가격이 30유로 35센트 라는 것을 들은 무우는 계산이 틀렸다는 것을 즉시 알아내 정정된 가격으로 거스름돈을 받을 수 있었습니다. 무우는 어떻게 가격이 틀렸다는 것을 바로 알 수 있었을까요?

Step 1 6의 배수판정 조건과 4의 배수판정 조건을 적으세요.

Step 2 쿠키 6개와 커피 4잔의 총 값은 어떤 수의 배수일지 적으세요.

Step 3 점원이 처음에 말한 값이 틀린 이유를 적으세요.

풀이

Step 1 6의 배수는 2의 배수판정 조건과 3의 배수판정 조건을 모두 만족해야 합니다. 따라서 일의 자리 수는 0, 2, 4, 6, 8이고 각 자리 수의 합이 3의 배수인 수입니다. 4의 배수는 끝 두자리 수가 00또는 4의 배수인 수입니다.

Step 2 쿠키의 값을 A, 커피의 값을 B라고 하면 총 값은 (6 × A) + (4 × B)입니다. 6과 4는 2를 공약수로 가지므로 2 × {(3 × A) + (2 × B)} 로 표현이 가능하며 이는 2의 배수입니다.

Step 3 총 값은 2의 배수이므로 일의 자리수가 0, 2, 4, 6, 8로 끝나야 합니다. 하지만 처음에 점원이 말한 30유로 35센트는 3035센트이고 일의 자리수는 5이므로 계산이 틀렸다고 알 수 있습니다.

정답 : 풀이참조 / 2의 배수 / 풀이참조

 **확인하기 1** 아래의 숫자 카드들을 이용해서 12의 배수인 세 자리수를 만들 수 있는 방법은 몇 가지일지 적으세요.

 **확인하기 2** 네 자리수 AABB가 18로 나눠 떨어지기 위한 A, B의 순서쌍 (A, B)를 모두 구하세요.

② 대표문제

2. 배수판정법의 활용

조건에 따라 문제를 풀고 모나리자를 완성하기 위한 작업 기간을 알아맞추세요.

조건

1. 모나리자를 그린 레오나르도 다빈치는 1452년에 태어나 1519년까지 살았습니다.

2. 모나리자는 4개 년도에 걸쳐서 만들어졌습니다.

3. 다빈치가 모나리자를 그리기 시작한 년도는 9의 배수입니다.

4. 다빈치가 모나리자를 완성한 년도는 6의 배수입니다.

Step 1 다빈치가 모나리자를 그리기 시작한 년도로 가능한 년도를 모두 구하세요.

Step 2 다빈치가 모나리자를 완성한 년도로 가능한 년도를 모두 구하세요.

Step 3 다빈치는 50살이 넘었을때 모나리자 작품을 완성했습니다. 모나리자 작품의 작업 기간을 구하세요.

문제 해결 TIP

9의 배수는 각 자리수의 합이 9의 배수인 수입니다.

Step 1　모나리자를 그리기 시작한 년도는 9의 배수이므로 각 자리수의 합이 9의 배수이어야 합니다.

따라서 1452부터 1519까지의 수 중 그리기 시작한 년도로 가능한 수는 1458, 1467, 1476, 1485, 1494, 1503, 1512입니다.

Step 2　모나리자를 완성한 년도는 6의 배수이므로 일의 자리수가 2, 4, 6, 8, 0이고 각 자리수의 합이 3의 배수이어야 합니다.

따라서 1452부터 1519까지의 수 중 완성한 년도로 가능한 수는 1452, 1458, 1464, 1470, …, 1512, 1518입니다.

Step 3　모나리자는 4개 년도에 걸쳐서 만들어 졌으므로 가능한 (시작 년도, 완성 년도)는 (1467, 1470), (1485, 1488), (1503, 1506)입니다.

다빈치는 50살이 넘었을때, 모나리자를 완성했으므로 모나리자의 작업기간은 1503년부터 1506년까지입니다.

정답 : 풀이참조 / 풀이참조 / 1503년부터 1506년까지

1, 3, 5, 7, 9 중 2개, 0, 2, 4, 6, 8 중 2개로 이루어지고 12의 배수인 네 자리수 중에서 가장 작은 수와 가장 큰 수를 적으세요. (단, 5544와 같이 중복으로 수를 뽑아서 만들 수 있습니다.

1, 3, 5, 7, 9 중 3개, 0, 2, 4, 6, 8 중 1개로 이루어지고 18의 배수인 네 자리수 중에서 가장 작은 수와 가장 큰 수를 적으세요. (단, 3312와 같이 중복으로 수를 뽑아서 만들 수 있습니다.)

01 두 자리수 14와 다섯 자리수 1234□ 의 곱 14 × 1234□ 을 계산했더니 6의 배수가 되었습니다. □ 에 들어갈 수 있는 수를 모두 구하세요.

02 세 자리수 CDE가 8의 배수라면 다섯 자리수 ABCDE도 8의 배수가 됩니다. 그 이유에 대해서 설명하세요. (단, 단순 배수판정법을 이용한 방법은 정답으로 인정하지 않습니다.)

03 각 자리 숫자가 홀수가 아닌 수로만 이루어진 네 자리수 중 9로 나누어떨어지는 가장 큰 수와 가장 작은 수를 구하세요.

04 15의 배수인 세 자리수 ABC와 9의 배수인 네 자리수 DEFG를 앞뒤로 붙여서 만든 일곱 자리수 ABCDEFG는 반드시 □ 의 배수입니다. □ 에 들어갈 수를 구하세요.

05 어떤 세 자리 자연수는 (세자리 수의 각 자리 수를 모두 더한 값 × 18)입니다. 이 세 자리 자연수를 구하세요.

06   두 자리 자연수 중 3을 더하면 5의 배수가 되고, 3을 빼면 6의 배수가 되는 수를 모두 구하세요.

07   맨 앞 자리수가 5인 다섯 자리 수 중 각 자리 숫자가 서로 다르면서 15의 배수인 수들을 찾아보려고 합니다. 가장 작은 수와 가장 큰 수를 구하세요.

08   세 자리수 987의 뒤에 세 자리수를 붙여서 여섯 자리수 987□□□ 를 만들었습니다. 이 여섯 자리수 987□□□ 가 60으로 나누어떨어지는 경우는 총 몇 가지일지 구하세요.

09 어떤 여섯 자리수 6□7□0□ 은 360으로 나누어떨어집니다. 이 여섯 자리수 중 가장 큰 수를 구하세요.

10 어떤 두 자리수는 (각 자리수의 합 × 5)입니다. 이 두 자리 수를 구하세요.

01 한 봉사단체에 가입되어 있는 사람은 총 72명입니다. 이들은 모두 같은 금액을 내서 모은 총 금액 1,□□□,200원을 기부할 것입니다. 가능한 총 기부금 중 가장 큰 금액을 구하세요. (단, 1인당 매달 내는 금액은 2만원 이하이며 낼 수 있는 금액의 최소 단위는 백 원입니다.)

02 세 자리수 A6B(6은 숫자)를 51번 연달아 적어 153자리수를 만든 것입니다. 이 수가 77로 나누어떨어질 때, A, B에 알맞은 수를 구하세요.

$$A6BA6BA6B \cdots A6BA6B$$

A6B를 51번

03
7의 배수판정법과 11의 배수판정법은 아래와 같습니다. 여섯 자리수 3079AB가 77로 나누어떨어질 때, A와 B에 알맞은 수를 적으세요.

보기

1. 일의 자리수를 지운 수에서 지운 일의 자리 수의 2배를 뺀 값이 7로 나누어떨어지면 이 수는 7의 배수입니다.

   예 $91 \rightarrow 9 - (1 \times 2) = 7$이 7로 나누어떨어지므로 91은 7의 배수

2. 전체 수의 홀수 자리의 숫자의 합과 짝수 자리의 숫자의 합의 차이가 0이거나 11로 나누어 떨어지면 이 수는 11의 배수입니다.

   예 $14641 \rightarrow$ 홀수 자리의 숫자의 합 $1 + 6 + 1 = 8$과 짝수 자리 숫자의 합 $4 + 4 = 8$의 차이가 0이므로 14641은 11의 배수

04
아래와 같이 1부터 N까지의 자연수를 순서대로 나열해서 큰 자리수의 자연수를 만들려고 합니다. 이 자연수가 18로 나누어떨어지는 N의 값을 모두 찾으세요. (단, N은 40 이하의 두 자리수입니다.)

$$123456789101112\cdots (N-2)(N-1)(N)$$

01 무우가 다녀온 루브르 박물관은 400,000점 이상의 각종 예술작품을 소장하고 있습니다. 루브르 박물관에 있는 작품의 총 개수가 0~5까지의 서로 다른 수로 이루어진 여섯 자리 수이고, 이 여섯 자리수는 9를 제외한 1~10까지의 모든 자연수로 나누어떨어진다면 루브르 박물관에 있는 작품의 총 개수를 구하세요. (단, 맨 앞 자리수는 4입니다.)

> 루브르 박물관의 총 작품 개수 : 4☐☐☐☐☐

02
창의융합문제

포도를 1박스당 29개씩 포장하면 남는 것 없이 모든 포도를 포장하면서 A 박스를 포장할 수 있고, 28개씩 포장하면 A+2 박스를 포장할 수 있으면서 포도가 남게 됩니다. 총 포도의 개수가 2~9까지의 자연수 중 최소 네 개 숫자의 배수가 된다면 총 포도의 개수로 가능한 수를 모두 구하세요.

프랑스 파리에서 둘째 날 모든 문제 끝!
소르본 대학교로 이동하는 무우와 친구들에게 어떤 일이 일어날까요?

프랑스의 숫자셈!

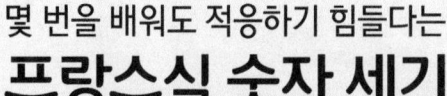

몇 번을 배워도 적응하기 힘들다는
프랑스식 숫자 세기

61부터 99까지 20진법을 사용하는 프랑스!

79 = 60 + 19
(soixante - dix = neuf)

80 = 4 × 20
(quatre - vingts)

99 = 4 × 20 + 19
(quatre - vingt - dix - neuf)

우리나라는 모든 숫자에 16을 10 + 6처럼 생각하는 10진법을 사용하지만 프랑스는 숫자를 셀 때, 10진법, 16진법, 20진법, 60진법을 모두 사용합니다.

1부터 16까지는 16진법을 사용합니다. 우리나라처럼 16을 10 + 6으로 생각하지 않습니다.

17부터 60까지는 10진법을 사용합니다. 예를 들어 17의 경우 10 + 7로 생각합니다.

60 ~ 79까지는 60진법을 이용하여 계산합니다. 예를 들어 70은 60 + 10으로 생각합니다.

80부터는 20진법을 이용하여 숫자를 읽습니다. 예를 들어 84는 20 × 4 + 4로 생각하는 방식입니다.

세계적으로는 10진법을 사용하여 수를 읽는 방식이 많지만, 프랑스의 이러한 숫자 읽는 방식은 프랑스만의 독특한 방식 중 하나입니다.

3. 여러 가지 진법

프랑스 파리 셋째 날 DAY 3

프랑스 파리
France Paris

무우와 친구들은 프랑스 파리에 가는 셋째 날, 〈소르본 대학교〉를 여행할 예정이에요. 〈소르본 대학교〉를 찾아가는 무우와 친구들에게는 어떤 수학문제들이 기다리 있을까요?

궁금해요 ?

프랑스의 숫자 표기법에 의아해하는 무우와 친구들은 이유를 알기 위해
프랑스에서 가장 오래된 소르본 대학을 찾아가보기로 하는데..

프랑스에서는 1 ~ 16까지는 16진법, 17 ~ 60까지는 10진법, 61 ~ 79까지는 60진
법, 80 이상의 수는 20진법을 사용합니다. 11을 A, 12는 B, 13은 C, 14는 D, 15는 E,
16은 F라고 표기한다고 할 때, 75와 94를 프랑스의 방식대로 표기하세요.

N 진법

N 진법은 N개의 숫자만을 이용하여 수를 표기하는 방법입니다. 전세계적으로 대부분의 나라가 아라비아 숫자(0 ~ 9까지의 수)를 사용하기 때문에 10진법을 사용하지만, 때때로 개별 분야에는 다양한 진법들이 사용됩니다.

컴퓨터는 대부분 0과 1만을 이용하는 2진법을 사용하며 연, 월을 따질 때에는 12진법을 사용하고 시간을 따질 때에는 60진법을 사용합니다.

예 N 진법이 사용되는 예

① 72분 = 1시간 12분

② 13개월 = 1년 1개월

③ 28 = 103(5)

설명

우리가 쓰는 10진법의 수를 N진법으로 바꾸기 위한 방법은 10진법의 수를 N으로 계속 나누어 보는 것입니다.
예를 들어 10진법의 수인 87을 2진법의 수로 바꾸는 방법은 다음과 같습니다.

		나머지
2	87	
2	43	… 1
2	21	… 1
2	10	… 1
2	5	… 0
2	2	… 1
	1	… 0

1. 87을 2로 계속 나눠가면서 몫과 나머지를 적고 더이상 나눠지지 않을 때까지 나눠나갑니다.
2. 몫 1부터 적은 나머지를 역으로 적으면 그 수는 2진법에서의 87이 됩니다.

따라서 10진법의 수 87은 이와 같은 방식으로 2진법의 수 1010111(2)로 표현할 수 있습니다. 2진법의 수 10101111이 뜻하는 것은 $(1 \times 2^6) + (0 \times 2^5) + (1 \times 2^4) + (0 \times 2^3) + (1 \times 2^2) + (1 \times 2) + 1$입니다.

정답

프랑스에서는 61 ~ 79까지의 수는 60진법을 이용해서 표기합니다.
따라서 75는 60 × 1 + 15라고 표기할 수 있고 이는 1E(60)라고 표시할 수 있습니다.
80 이상의 수는 20진법을 사용해서 표기합니다.
따라서 94는 20 × 4 + 14라고 표기할 수 있고 이는 4D(20)으로 표시할 수 있습니다.

③ 대표문제

1. 도형을 활용한 진법

도형 C는 어떤 수를 의미하는 도형일지 ? 에 알맞은 10진법 숫자를 적으세요.

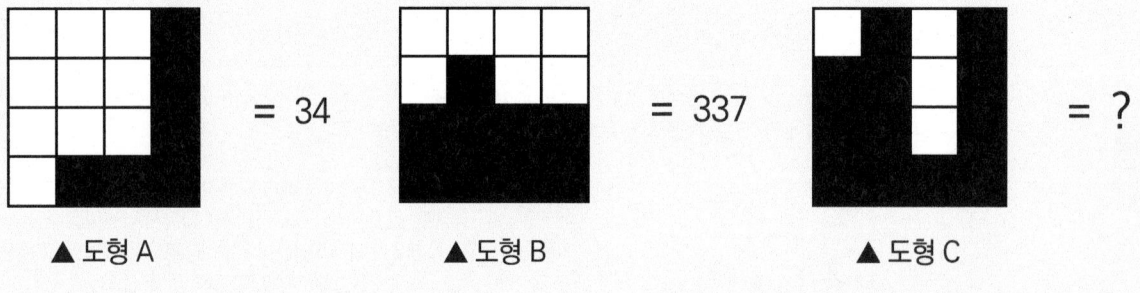

    ▲ 도형 A   ▲ 도형 B   ▲ 도형 C

Step 1   34와 337을 도형화 시킨 방법은 몇 진법을 이용한 방법인지 적으세요.

Step 2   그림 A에서 까맣게 칠해진 부분이 어떤 방식으로 십진법의 수 34를 나타내는 것인지 적으세요.

Step 3   도형 C가 의미하는 ? 에 알맞은 10진법 숫자를 적으세요.

풀이

Step 1 도형을 봤을 때, 가로줄과 세로줄이 총 4줄씩 있는 것을 확인할 수 있습니다. 또한 34를 나타내는 도형에서 한 줄에 있는 4칸이 모두 다 색칠되어 있는 것을 봤을 때, 0 ~ 4까지의 수로 숫자를 표현하는 5진법을 이용해서 도형화시킨 것으로 생각할 수 있습니다.

Step 2 $34 = (5^2 \times 1) + (5^1 \times 1) + (1 \times 4)$입니다. 따라서 도형 A에 칠해져 있는 칸은 각각 5^2이 1개, 5^1이 1개, 5^0이 4개 라는 의미입니다.

Step 3 가장 왼쪽에 있는 세로줄은 $125(5^3)$단위를 의미하고 총 세 칸이 칠해져 있습니다. 왼쪽에서 두 번째에 있는 세로줄은 $25(5^2)$단위를 의미하고 총 네 칸이 칠해져 있습니다. 왼쪽에서 세 번째 있는 세로줄은 $5(5^1)$단위를 의미하고 총 한 칸이 칠해져 있습니다. 가장 오른쪽에 있는 세로줄은 $1(5^0)$단위를 의미하며 총 네 칸이 칠해져 있습니다. 따라서 이 도형이 의미하는 수는 다음과 같습니다.

$(125 \times 3) + (25 \times 4) + (5 \times 1) + (1 \times 4) = 484$

정답 : 5진법 / 풀이과정 참조 / 484

확인하기 1

아래의 도형은 모두 같은 A진법에 따라 수를 도형으로 표현한 것이고 칸을 칠하는 것에 따라 1023까지의 모든 수를 표현할 수 있는 도형입니다. ? 에 알맞은 십진법의 숫자를 적으세요.

확인하기 2

<보기>와 같이 검은색, 흰색 바둑돌을 이용하여 수를 표현하였습니다. 다음 연산이 성립하도록 ? 에 알맞는 바둑돌을 배치하세요.

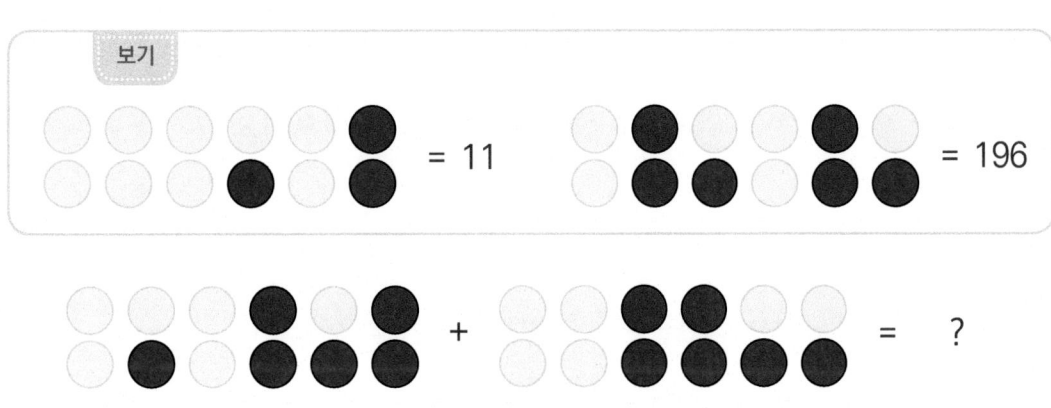

2. N 진법의 활용

소설에서 나온 수의 연산 규칙과 20을 만들 수 없는 이유에 대해서 설명하세요.

> 다음과 같은 규칙으로 4에다가 수를 계속 곱해나가면 20을 만들 수 있을까?

> 4 × 5는 12이고, 4 × 6은 13, 그리고 4 × 7은 14잖아? 그럼 20을 만들기 위해선… 아니? 4에다가 이런 규칙으로 수를 곱해서는 20을 만들 수 없잖아?
>
> 소설 '이상한 나라의 앨리스' 中

Step 1   4 × 5 = 12, 4 × 6 = 13, 4 × 7 = 14는 각각 어떤 진법을 활용한 연산인지 적으세요.

Step 2   20을 만들기 위해 4에 곱해나가는 규칙을 적으세요.

Step 3   이런 규칙으로 20을 만들 수 없는 이유를 적으세요.

Step 1 4 × 5는 20이지만 12로 표현됩니다. 따라서 4 × 5연산은 18진법의 수로 표현된 것입니다. (18 = 10$_{(18)}$, 19 = 11$_{(18)}$, 20 = 12$_{(18)}$)
4 × 6은 24이지만 13으로 표현됩니다. 따라서 4 × 6연산은 21진법의 수로 표현된 것입니다. (21 = 10$_{(21)}$, 22 = 11$_{(21)}$, 24 = 13$_{(21)}$)
4 × 7은 28이지만 14로 표현됩니다. 따라서 4 × 7연산은 24진법의 수로 표현된 것입니다. (24 = 10$_{(24)}$, ⋯ , 28 = 14$_{(24)}$)

Step 2 4에 5부터 1씩 커지는 수를 곱해나갑니다. 5를 곱했을 때는 18진법의 수, 6을 곱했을 때는 21진법의 수, 7을 곱했을 때는 24진법의 수와 같이 곱해지는 수가 커질수록 진법도 3씩 커집니다.
4 × 5 = 12(18진법), 4 × 6 = 13(21진법), ⋯, 4 × 11 = 18(36진법), 4 × 12 = 19(39진법), ⋯

Step 3 이런 규칙으로 계속 곱해지는 수가 커지게 되면 4 × 12 = 19(39진법의 수)이고, 20은 4 × 13을 42진법으로 표시할 때 표현이 되어야 하지만 4 × 13의 값인 52를 42진법의 수로 표현하면 52 = 42 × 1 + 10이므로 10(두자리 수)을 표현할 수 있는 새로운 문자가 필요합니다. 10을 숫자 A로 표현한다면 4 × 13 = 1A(42진법의 수)가 되므로 20을 만들 수 없다는 것입니다.

정답 : 18진법, 21진법, 24진법 / 풀이과정 참조 / 풀이과정 참조

<보기>에는 각각 A진법과 B진법을 이용한 연산식이 있습니다. 연산식 ⓐ를 각각 A진법, B진법으로 계산한 값을 적으세요.

보기

```
    123              123
 +  123           +  123
 ───────          ───────
    312              301
 ▲ A진법           ▲ B진법
```

```
    2301
 +  1233
 ────────
      ?
```

▲ 연산식 ⓐ

01 어떤 10진법의 수 A를 B진법의 수로 바꾸면 $46_{(B)}$이 됩니다. 또한 이 10진법의 수 A는 C진법의 수 $22_{(C)}$의 3배일 때, 이 10진법의 수 A를 구하세요. (단, A는 50보다 작은 두 자리수입니다.)

02 10 ~ 14까지의 자연수를 각각 10 = A, 11 = B, 12 = C, 13 = D, 14 = E로 표현해서 15진법의 수 $EB_{(15)}$를 만들었습니다. $EB_{(15)}$를 3진법의 수로 표현하면 1과 2는 각각 몇 개씩 나올지 적으세요.

03 어떤 물건의 무게를 양팔 저울로 측정해보니 64g짜리 추 3개, 16g짜리 추 2개, 4g짜리 추 2개, 1g짜리 추 2개가 사용되었습니다. 같은 물건을 81g, 27g, 9g, 3g, 1g짜리 추를 사용하여 무게를 측정하려고 합니다. 추를 가장 적게 사용해서 측정하려고 한다면 각 무게의 추는 몇 개씩 사용될지 적으세요.

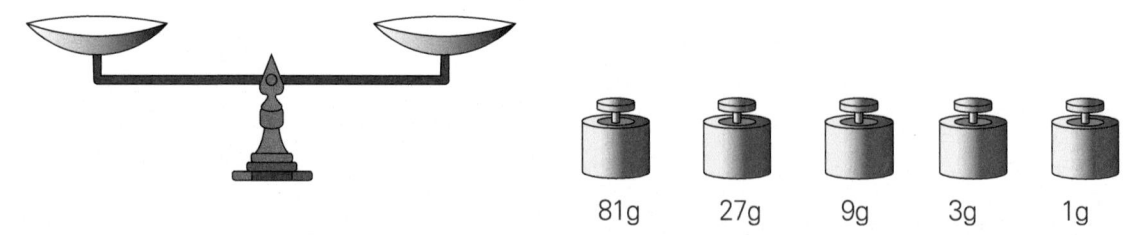

81g   27g   9g   3g   1g

04 13진법의 수 $AB_{(13)}$을 7진법의 수로 나타내면 $BA_{(7)}$가 됩니다. 조건을 만족하는 모든 13진법의 수 $AB_{(13)}$를 10진법의 수로 적으세요.

05 아래와 같이 6을 이용해서 19, 17, 14를 얻을 수 있는 규칙을 만들었습니다. 이와 같은 규칙을 따라 6을 이용해서 11과 12를 각각 얻을 수 있는 식을 만드세요.

$$6 \times 11 = 19$$

$$6 \times 9 = 17$$

$$6 \times 6 = 14$$

06 세 자리의 6진법의 수 중 10진법의 수 45의 배수는 모두 몇 개일지 적으세요.

07 주사위를 두 번 굴려서 나온 수를 사용하여 두 자리수를 만들고자 합니다. 만들 수 있는 모든 두 자리수의 합을 7진법의 수로 나타내세요.

08 3진법의 수로 이루어진 $ABC_{(3)}$를 3배하고 4진법의 수로 나타내면 $CBA_{(4)}$가 됩니다. 이렇게 되는 3진법의 수 $ABC_{(3)}$을 10진법의 수로 나타내세요.

09 12진법에서는 1, 2, 3, 4, 5, 6, 7, 8, 9, A(= 10), B(= 11)으로 모든 수를 표현합니다. 이때, 세 자리수 2개의 합 $AAA_{(12)}$ + $BBB_{(12)}$의 값을 12진법의 수로 적으세요.

10 A − B = 12를 만족하는 10진법의 두 자연수 A, B를 각각 N진법의 수로 나타내면 A = $120_{(N)}$, B = $43_{(N)}$입니다. A + B를 N진법의 수로 나타내세요.

3 심화문제

01   1g, 3g, 9g, 27g, 81g짜리 추가 각각 1개씩 있습니다. 양팔 저울의 한쪽에 46g의 물체 1개를 놓은 뒤, 이 추들을 이용하여 양팔 저울의 수평을 맞추려고 합니다. $46 = 3^3 + 2 \times 3^2 + 1$을 이용하여 46g의 물체와 같은 쪽에 놓여지는 추는 몇 g짜리 추일지 적으세요.

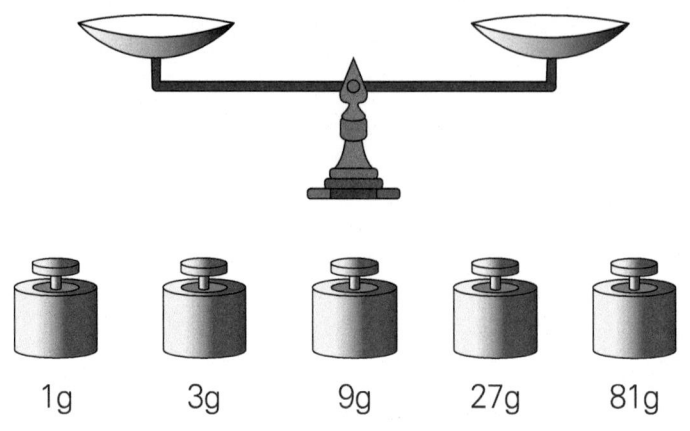

1g   3g   9g   27g   81g

02   아래의 곱셈식은 모두 같은 진법의 수로 구성되어 있습니다. 이 곱셈식이 성립한다면 이 곱셈식은 몇 진법의 수로 구성되어 있는 것인지 적으세요.

$$123 \quad \times \quad 123 \quad = \quad 15351$$

03 〈보기〉의 도형들과 단어들을 보고 도형 ㉠이 의미하는 단어를 적으세요.

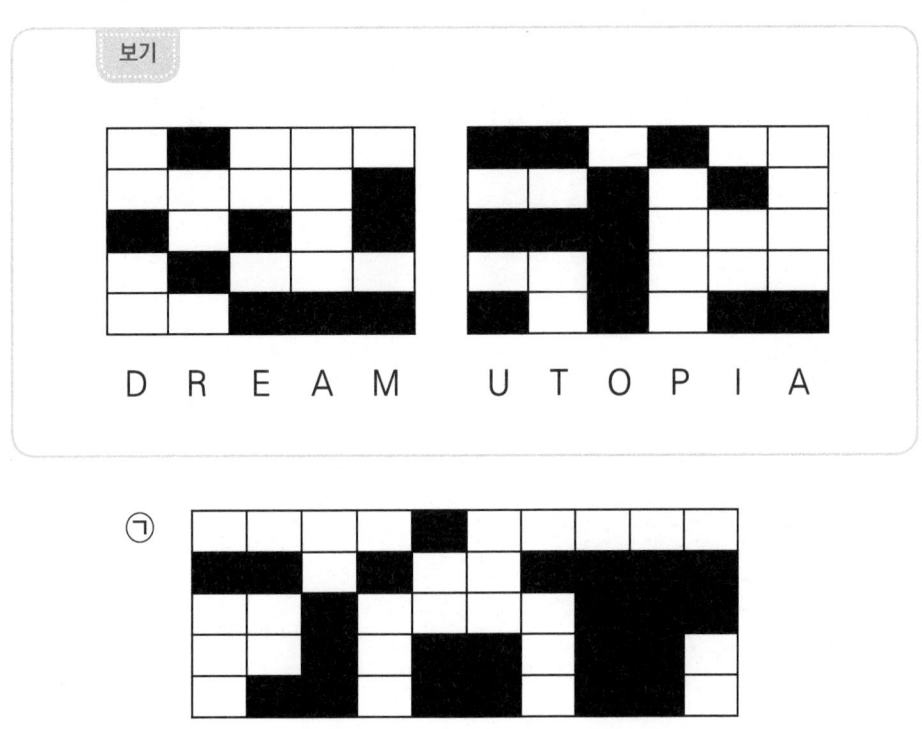

04 63 이하의 모든 자연수 중 2진법의 수로 나타냈을 때, 1이 홀수 번 나오는 수들은 총 32개입니다. 이 32개 수들을 모두 합한 값을 나누는 가장 큰 홀수를 구하세요.

01

무우는 1유로 짜리 지폐로 127유로를 가지고 있습니다. 이 돈을 가지고 백화점에 가서 127유로 이하의 가격의 옷을 1벌 사려고 합니다. 돈은 여러 개의 지갑에 나눠서 가려고 하는데 옷을 계산할 때, 어떠한 가격의 옷이더라도 그 자리에서 지폐를 다시 세보지 않고 모든 지갑 또는 일부 지갑에 있는 돈을 전부 꺼내서 거스름돈 없이 정확하게 계산할 수 있도록 하려 합니다. 지갑의 개수가 최소가 되도록 돈을 나눠서 담는 방법을 설명하세요.

02
창의융합문제

책을 빌려서 호텔로 돌아가는 중..

프랑스에서는 10진법은 고대 로마 것을. 20진법은 켈트족이 들여온 것을 섞어 쓰고있는 거구나~

이 책에 의하면, 진법은 수를 표현하는 *그루핑법에서부터 발전했대.

센스한컵?

로마에서도 문자들을 이용하여 숫자를 표현한다고 해.

어떤 문자들인데? 궁금해!

다양한 방법이 있지~

*그루핑법 : 무언가를 모으는 방법.

로마에서는 아래와 같은 문자들을 이용하여 수를 표현하였습니다.

1	2	3	4	5	6	7	8	9	10	11	12	13	…	20	…
I	II	III	IV	V	VI	VII	VIII	IX	X	XI	XII	XIII	…	XX	…

로마 숫자 L은 50을 의미합니다. LVII에서 XLIII을 뺀 값을 로마 숫자로 표현하세요.

프랑스 파리에서 셋째 날 모든 문제 끝!
몽파르나스 타워로 이동하는 무우와 친구들에게 어떤 일이 일어날까요?

포포즈?

4개의 숫자 '4' 를 이용해서 자연수를 나타내는 수식을 만드는 퍼즐을 '포포즈(four fours)' 라고 합니다. 이 퍼즐은 1892년 영국의 라우즈 볼(W. W. Rouse. Ball)이 펴낸 「레크레이션 수학과 에세이」 에서 처음 소개되었는데, 이후 많은 사람들에게 큰 인기를 얻었습니다.

포 포즈(four fours)의 규칙

1. 숫자 4를 반드시 4번 사용해야 합니다. (단, 44와 같이 4를 연달아서 사용할 수 있습니다.)
2. 4 외에 다른 숫자는 사용하지 않습니다.
3. +, -, ×, ÷ 와 같은 연산기호와 괄호를 사용합니다.

4. 계산식에 써넣기

프랑스 파리
France Paris

프랑스 파리 넷째 날 DAY 4

무우와 친구들은 프랑스 파리에 가는 넷째 날, <몽파르나스 타워>를 여행할 예정이에요. 자, 그럼 <몽파르나스 타워>에서 만날 수학 문제에는 어떤 것들이 있을까요?

궁금해요 ?

포포즈에 대해 공부하고 몽파르나스 타워에서 진행 중인 이벤트에 참여하러 가봅시다.

본래 포 포즈(four fours)에서는 사칙연산기호와 괄호만을 이용해서 수를 만드는 퍼즐이었습니다. 하지만 사칙연산기호 외에 다양한 수학기호를 사용할 수 있으면 더욱 큰 수도 손쉽게 만들 수 있습니다. 4개의 4와 사칙연산기호를 포함한 다양한 수학기호를 사용하여 결괏값이 620과 4096이 나오는 식을 만드세요.

수와 식 만들기

· 자연수의 덧셈 성질	· 자연수의 뺄셈 성질	· 자연수의 곱셈 성질
홀수 + 홀수 = 짝수	홀수 − 홀수 = 짝수	홀수 × 홀수 = 홀수
홀수 + 짝수 = 홀수	홀수 − 짝수 = 홀수	홀수 × 짝수 = 짝수
짝수 + 짝수 = 짝수	짝수 − 짝수 = 짝수	짝수 × 짝수 = 짝수

설명

포 포즈(four fours)는 19세기 말부터 20세기 초에 이르기까지 미국에서 성행했던 퍼즐입니다. 이 퍼즐은 본래 숫자 4 네 개와 알고 있는 모든 수학 기호를 이용하여 1부터 100까지의 숫자를 만드는 퍼즐입니다.

고등학교에서 다루는 기호를 이용한다면 세상에 존재하는 모든 자연수를 숫자 4 네 개로 표현할 수 있다는 것은 증명되었으나 본 단원에서는 사칙연산기호, 괄호, !(팩토리얼), N제곱 정도의 기호들만을 활용하여 수와 식을 만들어 보는 것을 배워보도록 합니다. 자연수의 성질(홀, 짝수의 성질)에 대해 자세히 알고 있다면 수와 식을 만드는 것을 보다 쉽게 해결할 수 있습니다.

· 여러 가지 연산기호를 사용할 때에는 소수점 기호도 사용이 가능합니다. 4 앞에 소수점을 찍으면 0.4로 표현이 되지만 포 포즈(four fours)에서는 4 이외의 숫자는 사용할 수 없다는 규칙이 있습니다.
따라서 이 퍼즐을 풀 때에는 0.4 = .4와 같이 소수점 앞의 0을 생략하기도 합니다.

정답

4개의 4와 단순한 사칙연산기호를 이용해서는 620과 4096을 만들 수 없습니다.

따라서 ! 이나 제곱과 같은 연산기호를 이용하는 방법을 생각해 봅니다.

4! = 4 × 3 × 2 × 1 = 24입니다.

24 × 24 = 576이고 576 + 44 = 620입니다. 따라서 (4! × 4!) + 44 = 620입니다.

4096 = 2^{12}입니다. 4 = 2^2이고 4^4 = 2^8이므로 다음과 같이 표현이 가능합니다.

$4^4 × 4 × 4 = 2^8 × 2^2 × 2^2 = 2^{12}$ = 4096

따라서 사칙연산기호 외에 다른 다양한 연산기호를 활용한다면 작은 수뿐만 아니라 큰 수도 포 포즈로 표현할 수 있습니다.

4 대표문제

1. 포 포즈의 일반화

아래의 seven fours 문제를 풀면 56층 실내 전망대로 한 번에 올라가는 초고속 엘레베이터의 이용이 가능합니다. 문제를 풀어보세요.

규칙

1. 4개의 6을 이용해서 결괏값이 5가 되는 식을 만드세요.

2. 4개의 6을 이용해서 결괏값이 6이 되는 식을 만드세요.

3. 두 가지 문제 모두 정답인 경우에만 초고속 엘리베이터를 이용할 수 있습니다.

Step 1 2개의 6과 사칙연산을 이용하거나 2개의 6만을 이용해서 0을 포함한 자연수 중 만들 수 있는 수를 구하세요.

Step 2 **Step 1** 을 참고하여 3개의 6과 사칙연산, 괄호를 이용하거나 3개의 6만을 이용해서 0을 포함한 자연수 중 만들 수 있는 수를 구하세요.

Step 3 4개의 6을 이용해서 결괏값이 5와 6이 나오는 식을 각각 만드세요.

풀이

문제 해결 TIP

🔑 **Step 1** 에서 구한 수와 6을 사칙연산하거나, 3개의 6으로 666을 만들어서 3개의 6으로 만들 수 있는 수들을 구할 수 있습니다.

🔑 **Step 1** 2개의 6과 사칙연산을 이용해서 4개의 수를 만들 수 있고, 2개의 6을 붙인 66을 만들 수 있으므로 총 5개의 수를 만들 수 있습니다.
→ 6 − 6 = 0, 6 + 6 = 12, 6 × 6 = 36, 6 ÷ 6 = 1, 66

🔑 **Step 2** 🔑 **Step 1** 에서 구한 5개의 수에 6을 사칙연산하면 다음과 같은 수를 얻을 수 있습니다.
0, 2, 5, 6, 7, 11, 18, 30, 42, 60, 72, 216, 396
그외에 숫자 6 세 개를 붙이면 666을 얻을 수 있습니다.

🔑 **Step 3** 결괏값이 5가 나오기 위해서는 스텝 2에서 나온 수와 6의 사칙연산을 이용해서 구해야 합니다.
결괏값이 5가 나오는 방법 : 11 − 6, 30 ÷ 6 등의 방법
→ (66 ÷ 6) − 6 = 5, (6 × 6 − 6) ÷ 6 = 5
결괏값이 6이 나오는 방법 : 0 + 6 등의 방법
→ (6 − 6) × 6 + 6 = 6

정답 : 풀이과정 참조 / 풀이과정 참조 / 풀이과정 참조

확인하기 1

4개의 6과 +, −, ×, ÷, ( )을 이용해서 아래의 식이 모두 성립하도록 만드세요.

ㄱ 6 6 6 6 = 0   ㄹ 6 6 6 6 = 4
ㄴ 6 6 6 6 = 1   ㅁ 6 6 6 6 = 7
ㄷ 6 6 6 6 = 3   ㅂ 6 6 6 6 = 8

확인하기 2

5개의 2와 +, −, ×, ÷, ( )을 이용해서 아래의 식이 모두 성립하도록 만드세요.

ㄱ 2 2 2 2 2 = 0   ㄹ 2 2 2 2 2 = 3
ㄴ 2 2 2 2 2 = 1   ㅁ 2 2 2 2 2 = 4
ㄷ 2 2 2 2 2 = 2   ㅂ 2 2 2 2 2 = 5

대표문제

2. 식 만들기

○에 + 또는 - 를 식이 성립하도록 넣어 보세요. (단, ○는 빈칸으로 놓을 수 있으며 ○에 연산기호가 들어가지 않을 경우 해당 ○의 바로 앞, 뒤의 수는 두 자리수가 되는 것으로 생각합니다.)

$$1 \bigcirc 2 \bigcirc 3 \bigcirc 4 \bigcirc 5 \bigcirc 6 \bigcirc 7 \bigcirc 8 \bigcirc 9 = 100$$

(+, - 부호를 총 7개 사용하면 정답을 찾을 수 있다.)

Step 1 식에서 +, - 부호가 들어가지 않아야 하는 ○의 위치를 구하세요.

Step 2 두 자리수와 100의 차이와 나머지 수들의 합을 생각해 보세요.

Step 3 정답이 될 수 있는 식을 구하세요.

문제 해결 TIP

1부터 9까지의 자연수들의 합은 45인 점을 활용해서 문제를 해결할 수 있습니다.

 **Step 1** 1~9까지의 합은 45입니다. 따라서 최소 55 이상의 두 자리수가 있어야 100을 만들 수 있습니다. 따라서 5의 오른쪽에 있는 ○ 중 하나에는 부호가 들어가지 말아야 합니다.

 **Step 2** ㉠ 두 자리수가 56일 경우 : 남은 한 자리수는 1, 2, 3, 4, 7, 8, 9입니다.
이 수들은 +, − 로 조합하여 44를 만들 수 없기 때문에 100을 만들 수 없습니다.

㉡ 두 자리수가 67일 경우 : 남은 한 자리수는 1, 2, 3, 4, 5, 8, 9입니다.
이 수들은 +, − 로 조합하여 33을 만들 수 없기 때문에 100을 만들 수 없습니다.

㉢ 두 자리수가 78일 경우 : 남은 한 자리수는 1, 2, 3, 4, 5, 6, 9입니다.
이 수들을 +, − 로 1 + 2 + 3 − 4 + 5 + 6 + 9 = 22를 만들 수 있습니다.

따라서 결괏값이 100이 되는 식은 다음과 같습니다.
1 + 2 + 3 − 4 + 5 + 6 + 78 + 9 = 100

㉣ 두 자리수가 89일 경우 : 남은 한 자리수는 1, 2, 3, 4, 5, 6, 7입니다.
이 수들은 +, − 로 조합하여 11을 만들 수 없기 때문에 100을 만들 수 없습니다.

Step 3 1 + 2 + 3 − 4 + 5 + 6 + 78 + 9 = 100

정답 : 풀이과정 참고 / 풀이과정 참고 / 1 + 2 + 3 − 4 + 5 + 6 + 78 + 9 = 100

 **확인하기 1** ○ 에 +, − 를 총 3개만 사용하여 아래의 식이 성립하도록 만드세요. (단, ○ 에 연산기호가 들어가지 않을 경우 앞, 뒤의 수는 연결되는 것으로 생각합니다.)

 **확인하기 2** ○ 에 6개 또는 7개의 + 를 사용하여 아래의 식이 성립하도록 만드세요. (단, ○ 에 연산기호가 들어가지 않을 경우 앞, 뒤의 수는 연결되는 것으로 생각합니다.)

01 아래의 숫자 사이에 +, −, ×, ÷, ( )를 알맞게 써넣어 네 개의 등식이 모두 성립하도록 만드세요. (단, 각 기호는 여러 번 사용가능하며 사용하지 않아도 됩니다. 모든 숫자 사이에 반드시 기호가 들어갈 필요는 없습니다.)

> ㉠ 1 2 3 = 1   ㉡ 1 2 3 4 = 1
>
> ㉢ 1 2 3 4 5 = 1   ㉣ 1 2 3 4 5 6 = 1

02 8개의 8과 +, −, ×, ÷, ( )를 이용하여 결괏값이 81이 나오는 식을 만드세요. (단, 각 기호는 여러 번 사용가능하며 사용하지 않아도 됩니다. 모든 숫자 사이에 반드시 기호가 들어갈 필요는 없습니다.)

03 아래의 숫자 사이에 +, −, ×, ÷, ( )를 알맞게 써넣어 두 개의 등식이 모두 성립하도록 만드세요. (단, 각 기호는 여러 번 사용가능하며 사용하지 않아도 됩니다. 모든 숫자 사이에 반드시 기호가 들어갈 필요는 없습니다.)

> ㉠ 9 8 7 6 5 4 3 2 1 = 1
>
> ㉡ 9 8 7 6 5 4 3 2 1 = 100

04   아래의 숫자 사이에 +, −, ×, ÷ 을 알맞게 써넣어 두 개의 등식이 모두 성립하도록 만드세요. (단, 각 기호는 여러 번 사용가능하며 사용하지 않아도 됩니다. 모든 숫자 사이에 반드시 기호가 들어갈 필요는 없습니다.)

㉠ 9 9 9 9 9 = 12

㉡ 5 5 5 5 5 5 = 26

05   아래의 등식이 성립하도록 등식의 왼쪽에 있는 숫자 사이에 +, − 를 알맞게 적어 넣으세요. (단, 18 ÷ □ 를 계산한 값은 자연수입니다.)

$$4 \ 7 \ 8 \ 9 \ 3 \ 0 \ = 53 \times (18 \div \square)$$

06 □ 안에 +, −, ×, ÷ 를 알맞게 써넣어서 식을 성립하게 만드세요.

$$\frac{6}{11} \ \boxed{} \ \frac{1}{7} \ \boxed{} \ 1\frac{5}{6} \ \boxed{} \ 6 \ = \ 1$$

07 아래 □ 안에 +, −, ×, ÷ 을 한 번씩만 넣어서 결괏값이 자연수가 나오는 계산식을 만들려고 합니다. 만든 계산식의 결괏값 중 가장 큰 수와 가장 작은 수를 구하세요.

$$32 \ \boxed{} \ 24 \ \boxed{} \ 16 \ \boxed{} \ 8 \ \boxed{} \ 1$$

08 다음 계산식에 괄호를 넣어서 식이 성립하도록 만드세요. (단, 이중 괄호도 사용할 수 있습니다.)

> ㉠ 60 − 40 + 4 ÷ 3 × 2 = 4
>
> ㉡ 20 − 40 − 4 + 6 ÷ 3 × 2 = 0

09 아래와 같이 1~ 6까지의 숫자 카드가 각 1장씩, 사칙연산기호(+ , − , × , ÷)카드가 각 1장씩 총 10장의 카드가 있습니다. 이 카드들을 모두 사용하여 결괏값이 15가 되는 계산식을 만드세요.

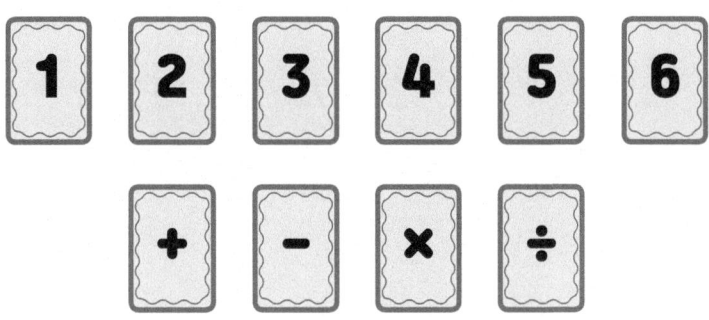

10 아래의 한 자리 숫자들 사이에 각각 알맞은 사칙연산과 괄호를 써넣어 식이 성립하도록 만드는 방법을 2가지 찾으세요. (단, 각 기호는 여러 번 사용가능하며 사용하지 않아도 됩니다. 등식의 왼쪽에 있는 모든 숫자 사이에는 반드시 사칙연산 기호가 들어가야 합니다.)

$$4 \quad 8 \quad 9 \quad 1 \quad 2 \quad = \quad 48$$

01 아래의 식에 +, −, ×, ÷, ( )를 사용하여 식이 성립하도록 만드세요. (단, 각 기호는 여러 번 사용이 가능하며 사용하지 않아도 됩니다. 등식의 왼쪽에 있는 모든 숫자 사이에는 반드시 연산기호가 들어가야 합니다.)

$$6 \quad 3 \quad 7 \quad 2 \quad 9 \quad 3 \quad 4 = 18$$

02 아래와 같이 1~9까지의 수가 한 번씩만 사용된 분수를 약분하면 숫자 2가 됩니다. 이와 같이 1~9까지의 수를 한 번씩만 사용해서 분수를 만들었을 때, 숫자 3 ~ 6이 되는 분수를 만드세요. (단, 분자에 들어가는 수는 18000보다 작습니다.)

$$2 = \frac{13458}{6729}$$

03 다음의 □ 에 1~ 6까지의 자연수를 한 번씩만 넣어서 등식이 성립하도록 만드세요.

$$\frac{\square}{\square} \div \square \times \frac{\square}{\square} + \frac{7}{\square} = 1.8$$

04 18개의 8과 +, −, ×, ÷ 을 사용하여 만든 식을 계산한 결괏값이 2020이 나오는 식을 만드세요. (단, 각 기호는 여러 번 사용이 가능하며 사용하지 않아도 됩니다.)

8 8 8 8 8 8 8 8 8 8 8 8 8 8 8 8 8 8 = 2020

01

아래와 같은 계산식이 있습니다. □□□□ 는 네 자리수, □□□ 는 세 자리수, □□ 는 두 자리수, □ 는 한 자리수를 의미합니다. □ 에는 0 ~ 9까지의 자연수가 들어갈 수 있지만 네 자리수, 세 자리수, 두 자리수의 맨 앞 자리에는 0이 들어갈 수 없으며 한 자리수는 0이 될 수 없습니다. □□□ + □□ 가 세 자리수일 때, 식이 성립하게 되는 경우의 수는 총 몇 가지일지 구하세요. (단, 0~ 9까지의 자연수는 각각 여러 번 사용할 수 있습니다.)

$$\Box\Box\Box\Box = \Box\Box\Box + \Box\Box + \Box$$

02
창의융합문제

서로 다른 한 자리 숫자 A, B, C를 이용해서 만든 가장 큰 세 자리 수를 M, 가장 작은 세 자리 수를 m이라고 했을 때, (M − m)을 구하고 이 값의 각 자리 수를 다시 재배열해서 가장 큰 수와 가장 작은 수를 만듭니다. 이 수를 뺀 결괏값으로 위와 같은 과정을 계속 반복할 때, 마지막에 나오는 세 자리수를 구하세요.

프랑스 파리 에서 넷째 날 모든 문제 끝!
개선문으로 이동하는 무우와 친구들에게 어떤 일이 일어날까요?

디오판토스의 묘비

디오판토스는 고대 그리스의 수학자로 대수학에서 처음으로 미지수를 문자로 쓴 사람으로 유명합니다.

디오판토스는 정확히 언제 태어나고 언제 죽었는지는 명확하지 않지만 그가 몇살에 죽었는지는 그의 묘비 내용을 보면 알 수 있습니다. 디오판토스의 묘비에 적힌 내용은 다음과 같습니다.

디오판토스 여기에 잠들다.

신의 축복으로 태어난 그는 인생의 $\frac{1}{6}$ 을 소년으로 보냈다. 그리고 다시 인생의 $\frac{1}{12}$ 이 지난 뒤에는 얼굴에 수염이 자라기 시작했다. 다시 인생의 $\frac{1}{7}$ 이 지난 뒤 그는 아름다운 여인을 맞이하여 결혼했고, 5년 만에 아들을 얻었다. 그러나 아들은 그의 절반밖에 살지 못했고 아들을 먼저 보내고 깊은 슬픔에 빠진 그는 4년뒤 일생을 마쳤다.

디오판토스가 사망한 나이를 A라고 해서 묘비의 내용을 수식화한 후 A의 값을 구해보면 A는 84이므로 디오판토스는 84세에 사망하였음을 알 수 있습니다.

5. 조건에 맞는 수

프랑스 파리 다섯째 날 DAY 5

무우와 친구들은 프랑스 파리에서의 다섯째 날, <개선문>에 도착했어요. 무우와 친구들은 다섯째 날에 <개선문>, <에펠탑>을 여행할 예정이에요.

자, 그럼 <개선문> 에서 만날 수학 문제에는 어떤 것들이 있을까요?

프랑스 파리
France Paris

궁금해요 ?

상상이와 친구들은 개선문이 완공된 년도를 구할 수 있을까요?

개선문이 완공된 년도는 아래의 조건들을 모두 만족하는 수입니다. 개선문이 완공된 년도를 구하세요.

조건

1. 완공된 년도는 네 자리수입니다.

2. 이 네 자리수는 천의 자리 숫자 + 백의 자리 숫자 = 십의 자리 숫자 + 일의 자리 숫자 = 9입니다.

3. 완공된 년도는 36의 배수입니다.

4. 천의 자리 숫자 + 일의 자리 숫자는 5보다 큽니다.

여러가지 조건에 맞는 수

1. 소수 : 약수가 1과 자기 자신뿐인 자연수

2. 완전수 : 자기 자신을 제외한 약수를 모두 더하면 자기 자신이 되는 자연수

> 예 $6 = 1 + 2 + 3$

3. 부족수 : 자기 자신을 제외한 약수를 모두 더했을 때, 자기 자신보다 작은 수가 되는 자연수

> 예 $15 > 1 + 3 + 5$

4. 과잉수 : 자기 자신을 제외한 약수를 모두 더했을 때, 자기 자신보다 큰 수가 되는 자연수

> 예 $12 < 1 + 2 + 3 + 4 + 6$

5. 친화수 : A를 제외한 A의 약수를 모두 더한 값이 B가 되고 B를 제외한 B의 약수를 모두 더한 값이 A가 되면 A와 B는 친화수

> 예 220을 제외한 220의 약수를 모두 더한 값은 284이고 284를 제외한 284의 약수를 모두 더하면 220이 되므로 220과 284는 친화수입니다.

설명

조건에 맞는 수는 다양한 방식으로 구할 수 있습니다.

1. 미지수화, 수식화를 통한 방법
2. 십진법의 전개식으로 나타내는 방법
3. 배수판정법, 소인수분해를 활용하는 방법
4. 경우의 수의 계산 원리를 이용하는 방법

다양한 방법을 시도해볼 수 있도록 여러 가지 조건들에 대한 개념을 미리 파악하고 있는 것이 중요합니다. 여러 개의 조건 중 수의 범위를 가장 좁힐 수 있는 조건부터 해결하는 것이 가장 효율적으로 문제를 해결할 수 있는 방법입니다.

정답

먼저 완공된 년도는 36의 배수이므로 4의 배수이면서 9의 배수입니다.
4의 배수이기 위해선 끝 두 자리수가 4의 배수가 되어야하고, 십의 자리 숫자 + 일의 자리 숫자 = 9이므로 이를 만족하는 끝 두 자리수는 36, 72입니다.
또한 천의 자리 숫자 + 백의 자리 숫자 = 9이고 현재가 2000년대이므로 이를 만족하는 앞 두 자리수는 18분입니다.
천의 자리 숫자 + 일의 자리 숫자는 5보다 크므로 이를 만족하는 네 자리수는 1836입니다.
따라서 개선문이 완공된 년도는 1836년 입니다.

정답 : 1836년

5 대표문제

1. 조건에 맞는 수 찾기

관리인이 낸 수수께끼가 아래와 같을 때, 개선문의 전망대까지 올라가기 위해서는 총 몇 개의 계단을 올라가야 하는지 구하시오.

> 개선문의 총 계단 수는 세 자리수이고 범위는 200 ~ 350이에요. 또한, 이 세 자리수와 이 세 자리수의 백의 자리 숫자와 일의 자리 숫자를 바꾼 세 자리수를 더하면 766이 된답니다.

Step 1 관리인이 대답한 수수께끼를 수식화하세요.

Step 2 총 계단 수의 각 자리수의 조건을 찾으세요.

Step 3 개선문의 전망대까지 올라가기 위한 계단의 총 개수를 구하세요.

풀이

문제 해결 TIP

· 세 자리수를 ABC 라고 한다면 각 자리수의 순서를 역으로 적은 세 자리수는 CBA입니다.

· 세 자리수 + 세 자리수 = 세 자리수일 때는 백의 자리 숫자가 제한됩니다.

Step 1 개선문의 총 계단 수를 ABC라고 놓으면 ABC + CBA = 766입니다.
(200≤ ABC≤ 350)

Step 2 먼저 세 자리수의 범위에 따라 2≤ A ≤ 3입니다.
ABC + CBA = 766입니다. 일의 자리수의 연산을 생각해보면
C + A = 6또는 16이어야 합니다. 하지만 세 자리수끼리의 합의
결괏값이 766이므로 C + A = 6이 됩니다.
이때, 결괏값의 백의 자리가 7이므로, B + B = 16이 되어야 하므로
B = 8입니다. 따라서 총 계단 수의 백의 자리 숫자와 일의 자리 숫자의 합은 6이며
십의 자리 숫자는 8입니다.

$$\begin{array}{r} A\ B\ C \\ +\ C\ B\ A \\ \hline 7\ 6\ 6 \end{array}$$

Step 3 2≤ A≤ 3이고 C+ A = 6이므로 이를 만족하는 A, C는 다음과 같습니다.
(백의 자리 숫자, 일의 자리 숫자) = (2, 4), (3, 3)
총 계단 수의 범위는 200~ 350이므로 이를 만족하는 경우는 (백의 자리 숫자, 일의 자리 숫자) = (2, 4)일 경우이고 이때, 총 계단 수는 284개 입니다.

정답: 풀이과정 참조 / 풀이과정 참조 / 284개

확인하기 1

어떤 세 자리수가 있습니다. 이 세 자리수의 백의 자리 숫자를 없애면 두 자리수가 되는데 이 두 자리수에 5를 곱하고 24를 더하면 원래의 세 자리수가 됩니다. 이러한 세 자리수를 모두 구하세요.

확인하기 2

어떤 세 자리수의 앞에 5를 적어서 네 자리수를 만들었습니다. 이 네 자리수에 800을 더하면 처음 세 자리수의 51배가 될 때, 처음 세 자리수를 구하세요.

⑤ 대표문제

2. 조건에 맞는 수 개수 구하기

무우와 친구들은 A개의 계단을 올라가고 잠시 쉬는 과정을 A번 반복하여 꼭대기까지
올라갔는데 마지막 과정에서는 A개보다 적은 개수의 계단을 올라가서 꼭대기에 도착
했습니다. 만약 C개의 계단을 올라가고 쉬는 과정을 C번 반복했을 때, 남는 계단없이
정확하게 1665 × D개의 계단을 오를 수 있었다면 이를 만족하는 D의 개수를 구하세요.
(단, D는 10000이하의 자연수입니다.)

Step 1   C와 D의 관계를 수식화 해보세요.

Step 2   1665를 소수의 곱으로 표현하세요.

Step 3   **Step 1** 의 수식을 성립하게 하는 D의 조건을 구하세요.

Step 4   **Step 1** 의 수식을 성립하게 하는 10000이하의 D의 개수를 구하세요.

78 ___ 영재들의 수학여행

풀이

문제 해결 TIP

· A × A × B × B =
A² × B² = (A × B)²

· 소인수분해 : 자연
수를 소수의 곱으
로 표현하는 것

Step 1 C개의 계단을 올라가고 쉬는 과정을 C번 반복했을 때, 1665 × D개의 계단을 오를 수 있다. → C × C = C² = 1665 × D

Step 2 1665의 약수는 1, 3, 5, 9, 15, 37, 45, 111, 185, 333, 555, 1665입니다.
따라서 1665는 소수 3, 5, 37을 이용하여 1665 = 3² × 5 × 37 로 표현할 수 있습니다. 이와 같이 큰 수를 소수의 곱으로 표현하는 것을 소인수분해라고 합니다.

Step 3 1665 = 3² × 5 × 37이므로 1665 × D가 C²으로 표현되기 위해선 D는 소인수 5와 37과 제곱수가 곱해져 있어야 합니다. → D = 5 × 37 × (□²)

Step 4 D = 5 × 37 × (□²)이고 □ = 1, 2, 3, … 이므로 10000 이하의 D는 다음과 같습니다.

D = 5 × 37 × 1² = 185
D = 5 × 37 × 2² = 740
D = 5 × 37 × 3² = 1665
⋮
D = 5 × 37 × 7² = 9065
따라서 10000 이하의 D는 7개입니다.

정답 : C² = 1665 × D / 1665 = 3² × 5 × 37 / 풀이과정 참조 / 7개

확인하기 1

어떤 세 자리수는 각 자리수의 위치를 알맞게 바꾼 세 자리수와 합하면 1000이 됩니다. 이러한 세 자리수 중 500보다 큰 수를 모두 구하세요.

확인하기 2

네 자리 자연수 중 각 자리 숫자에 9가 적어도 한 개 이상 있는 9의 배수의 개수를 구하세요.

01 한 자리 자연수 중 서로 다른 3개의 수를 선택한 후 이 3개의 수를 이용해서 만들 수 있는 세 자리 수를 모두 만들었습니다. 이 세 자리 수들을 모두 더한 값이 3552이고 이 세 자리 수 중 가장 큰 수와 가장 작은 수의 차이가 792일 때, 선택한 서로 다른 3개의 한 자리 수를 구하세요.

02 각 자리 숫자가 서로 다른 네 자리 수 ABCD가 있습니다. 이 수의 각 자리 숫자의 순서를 반대로 배열한 DCBA와 ABCD의 합이 16335가 되는 ABCD는 총 몇 개일지 구하세요.

03 자연수 A에 5390을 곱한 A × 5390은 어떤 자연수 B의 제곱이 됩니다. 이를 만족하는 A의 최솟값을 구하세요.

04 아래와 같이 서로 다른 4장의 숫자 카드를 이용하여 만든 네 자리 수 중 가장 큰 수와 가장 작은 수의 합이 11330입니다. A에 알맞은 수를 구하고 이 4장의 숫자 카드를 이용하여 만든 네 자리 수 중 두 번째로 큰 수와 두 번째로 작은 수의 차를 구하세요.

05 2020년 1월 1일은 200101과 같이 6자리 숫자로 표현할 수 있습니다. 2019년의 모든 날짜를 위와 같이 여섯 자리 수로 표현할 때, 각 자리의 숫자가 모두 다른 경우는 총 몇 가지일지 구하세요.

5 연습문제

06 일의 자리 숫자가 5인 어떤 일곱 자리 수에서 일의 자리 숫자인 5를 맨 앞 자리수로 옮겨서 새로운 일곱 자리 수를 만들었더니 처음의 일곱 자리 수에서 3을 곱하고 8을 더한 수가 되었습니다. 이러한 처음의 일곱 자리 수를 구하세요.

07 세 자리 자연수 중에서 각 자리의 숫자 중 짝수가 2개 이하인 수는 모두 몇 개일지 구하세요. (단, 240의 경우 짝수가 3개인 수로 생각합니다.)

08 아래의 숫자 카드 중 4장을 선택해서 네 자리 자연수를 만들려고 합니다. 만들 수 있는 네 자리 자연수를 A라고 하고 A의 각 자리 숫자의 합을 B라고 할 때, A가 B의 배수인 네 자리 자연수 A는 모두 몇 개일지 구하세요.

09 어떤 자연수를 3으로 나누면 나머지가 1이고, 4로 나누면 나머지가 2이고, 5로 나누면 나머지가 3이고, 6으로 나누면 나머지가 4입니다. 이러한 자연수 중 500보다 작은 수는 모두 몇 개일지 구하세요.

10 어떤 자연수 N으로 93, 171, 262를 나누면 나머지가 모두 같습니다. 이러한 자연수 N 중 가장 큰 수를 구하세요.

01 임의의 세 자리 수와 이 세 자리 수의 각 자리 숫자의 위치를 바꾼 세 자리 수의 합은 999 가 될 수 없습니다. 이 이유에 대해서 설명하세요.

02 아래와 같이 $\frac{1}{3}$ 은 분모와 분자에 똑같은 3을 더해 만든 $\frac{4}{6}$ 와 더하면 1이 됩니다. $\frac{1}{2}$ 보다 작고 분모가 한 자리 수인 기약 분수 중 이와 같이 분모와 분자에 똑같은 임의의 자연수를 더해 만든 분수와의 합이 1이 되는 기약분수를 모두 구하세요.

$$\frac{1}{3} + \frac{1 + 3}{3 + 3} = 1$$

03   어떤 세 자리 수 ABC와 이 세 자리 수의 각 자리 숫자의 순서를 반대로 적은 CBA를 곱한 값이 185472가 되는 ABC와 CBA를 구하세요.

04   세 자리 자연수 중 333, 332와 같이 각 자리 숫자에 같은 숫자가 2개 이상 있는 수의 개수는 모두 몇 개일지 구하세요.

01 다음 식은 일곱 자리 수 60A0B06을 십진법 자릿수 형식으로 표현한 것입니다. 이 일곱 자리 수 60A0B06이 39로 나누어떨어질 때, 이를 만족하는 만의 자리 숫자 A와 백의 자리 숫자 B의 순서쌍 (A, B)를 모두 구하세요.

$$60A0B06 = 6 \times 10^6 + A \times 10^4 + B \times 10^2 + 6$$

02

창의융합문제

무우와 친구들이 하기로 한 게임의 규칙은 다음과 같습니다.

> **규칙**
>
> 1. 가위바위보에서 진 한 명을 두고, 나머지 3명의 친구들은 모여서 함께 500보다 작은 자연수를 한 개 생각합니다.
> 2. 3명의 친구들은 생각한 자연수에 대한 힌트를 가위바위보에서 진 친구에게 각각 말해줍니다.
> 3. 3명의 친구들이 각자 2문장씩 말하는데 한 문장은 진짜 힌트고, 나머지 한 문장은 가짜 힌트입니다.
> 4. 가위바위보에서 진 친구가 모든 힌트를 듣고 세 번의 기회만에 정답을 맞히면 나머지 3명이 저녁 식사를 사고 정답을 맞히지 못하면 가위바위보에서 진 친구가 원하는 저녁 메뉴를 먹습니다.

3명의 친구들이 말해준 문장들이 아래와 같을 때, 친구들이 생각한 자연수가 될 수 있는 수를 모두 구하세요.

 무우 : 1. 이 수는 세 자리 수야.
2. 각 자리 숫자를 모두 곱한 값은 230이야.

 상상 : 1. 이 수는 37로 나눌 수 있어.
2. 이 수는 똑같은 숫자로 이루어져 있어.

 제이 : 1. 이 수는 11로 나눌 수 있어.
2. 이 수의 일의 자리 숫자는 0이야.

프랑스 파리에서 다섯째 날 모든 문제 끝!
베르사유 궁전으로 이동하는 무우와 친구들에게 어떤 일이 일어날까요?

끝수란 ?

끝수란 일반적으로 다음과 같이 두 가지 의미를 가집니다.

1. 자연수에서의 끝수

   일의 자리 숫자를 뜻합니다. 같은 수를 연속하여 곱할 때의 끝수는 아래와 같이 일의 자리 숫자의 규칙성을 생각해서 구할 수 있습니다.

   7^{30}의 끝수

   → 7부터 시작해서 7을 계속 곱해나가면 일의 자리 숫자는 7, 9, 3, 1이 반복됩니다. 따라서 7^{30}의 일의 자리 숫자는 9입니다.

2. 소수에서의 끝수

   소수점 이하의 자리에서 일정 자리까지만 계산을 하려고 할 때 이 자리 아래의 불필요한 부분을 뜻합니다. 끝수의 처리방법으로는 올림, 버림, 반올림이 있습니다.

   0.34523를 소수점 아래 두 자리까지만 계산할 경우

   → 올림을 이용할 경우 : 0.35가 되고 끝수는 0.00523입니다.

   → 버림을 이용할 경우 : 0.34가 되고 끝수는 0.00523입니다.

   → 반올림을 이용할 경우 : 0.35가 되고 끝수는 0.00523입니다.

   ※ 소수에서의 끝수 처리방법으로는 반올림을 가장 많이 활용합니다.

6. 끝수와 숫자의 개수

프랑스 파리
France Paris

프랑스 파리 여섯째 날 DAY 6

무우와 친구들은 프랑스 파리의 여섯째 날, <베르사유 궁전>을 여행할
예정이에요.

무우와 친구들은 여행을 마무리하며 어떤 수학문제를 만나게 될까요?

궁금해요 ?

베르사유궁전 관광 중에는 어떤 문제를 만나게 될까요?

베르사유 정원의 넓이가 약 $4 \times 216 \times 9375 (m^2)$이라면 베르사유 정원의 넓이를 계산했을 때 일의 자리 숫자부터 연속된 0은 모두 몇 개일지 적으세요.

1 여러가지 조건에 맞는 수

1. 자연수끼리 곱할 때 끝수는 각 자연수의 일의 자리 숫자들의 곱으로 구합니다.

   예 $134 \times 135 \times 136 \times 137 \times 138 \times 139$의 일의 자리 숫자

   　　$= 4 \times 5 \times 6 \times 7 \times 8 \times 9$의 일의 자리 숫자 $= 0$

2. 같은 자연수를 여러 번 곱할 때 끝수는 일정 주기가 계속 반복됩니다.

   예 2를 N 번 곱한 2^N 의 끝수 → 2, 4, 8, 6이 계속 반복됩니다.
   　　7을 M 번 곱한 7^M 의 끝수 → 7, 9, 3, 1이 계속 반복됩니다.

3. 여러 개의 자연수를 곱한 결괏값의 일의 자리 수부터 연속된 0의 개수는 곱한 자연
   수들이 소인수 2와 5를 몇 개씩 가지고있는지에 따라 달라집니다.

   예 $32 \times 50 \times 15$의 일의 자리 수부터 연속된 0의 개수

   　→ $32 = 2^5$, $50 = 2 \times 5^2$, $15 = 3 \times 5$이므로 2는 총 6개, 5는 총 3개를 가지고 있습니
   　　다. 따라서 이를 이용해서 (2×5)를 3개 만들 수 있으므로 결괏값의 일의 자리 수부터 연
   　　속된 0의 개수는 3개입니다. $(32 \times 50 \times 15 = 24000)$

 **설명**

이번 단원에서는 아래와 같은 복잡한 연산에서 보다 쉽게 끝수(일의 자리 숫자)를 판정하는 방법, 일의 자리 수부터 연속된 0의 개수를 구하는 방법을 배워봅니다.

· AB : A를 B개 곱한 것
· A! (A 팩토리얼) : $1 \times 2 \times 3 \times \cdots \times (A - 1) \times A$

예를 들어 10! 은 $1 \times 2 \times \cdots \times 9 \times 10 = 3^4 \times 7 \times 2^6 \times (2 \times 5) \times (2 \times 5)$이므로 곱셈식에 (2×5)가 2개 들어있습니다. 따라서 10! 의 일의 자리 수부터 연속된 0의 개수는 2개 입니다. ($10! = 3628800$)

 **정답**

여러 자연수의 곱의 결괏값에서 일의 자리 숫자부터 연속된 0의 개수를 알기 위해서는 곱해지는 각 자연수들이 소인수로 가지고 있는 2와 5의 개수를 확인해야 합니다.
베르사유 정원의 넓이는 $4 \times 216 \times 9375$입니다.
$4 = 2^2$, $216 = 2^3 \times 3^3$이고 $9375 = 3 \times 5^5$이므로 이 결괏값은 소인수로 2를 5개, 5를 5개 가지고 있습니다.
(베르사유 정원의 넓이 $= 2^5 \times 3^4 \times 5^5$)
2×5는 10이므로 이 결괏값은 10을 총 5개 가지고 있는 것이고, 이는 일의 자리 숫자부터 연속된 0의 개수가 5개라는 것을 의미합니다.
따라서 베르사유 정원의 넓이를 계산하면 이 결괏값의 일의 자리 숫자부터 연속된 0은 총 5개입니다.
실제로 $4 \times 216 \times 9375$를 계산하면 8100000입니다.

정답 : 5개

6 대표문제

1. 일의 자리 수 구하기

꼬마 기차를 운행하는 기관장이 낸 문제가 아래와 같습니다. 문제를 해결해서 보다 저렴하게 꼬마 기차를 대여하세요.

> $2^{48} \times 3^{73} \times 7^{25}$은 컴퓨터를 사용하지 않으면 계산할 수 없는 엄청나게 큰 수에요. 이 수의 일의 자리 숫자를 말해 보세요!

Step 1 아래와 같이 1에다가 2, 3, 7을 각각 계속해서 곱할 때 반복되는 일의 자리 숫자를 각각 적으세요.

$$1 \times 2, \ 1 \times 2 \times 2 \qquad 1 \times 2 \times 2 \times 2 \cdots$$
$$1 \times 3, \ 1 \times 3 \times 3 \qquad 1 \times 3 \times 3 \times 3 \cdots$$
$$1 \times 7, \ 1 \times 7 \times 7 \qquad 1 \times 7 \times 7 \times 7 \cdots$$

Step 2 2^{48}, 3^{73}, 7^{23}의 일의 자리 숫자를 각각 적으세요.

Step 3 $2^{48} \times 3^{73} \times 7^{23}$의 일의 자리 숫자를 적으세요.

풀이

문제 해결 TIP

· 같은 자연수를 계속해서 곱해나가면 일의 자리 숫자는 일정 주기로 반복됩니다.

· 여러 자연수를 곱한 값의 일의 자리 수는 각 자연수의 일의 자리 수를 곱한 값의 일의 자리 수와 같습니다.

$2^{48} \times 3^{73} \times 7^{23}$를 계산한 결괏값에서 가장 찾기 쉬운 자리 수는 일의 자리 수입니다.

Step 1 1에 2를 계속 곱한 결괏값은 다음과 같습니다.

2, 4, 8, 16, 32, 64, 128, … → 일의 자리 숫자는 2, 4, 8, 6이 반복됩니다.

1에 3을 계속 곱한 결괏값은 다음과 같습니다.

3, 9, 27, 81, 243, 729, … → 일의 자리 숫자는 3, 9, 7, 1이 반복됩니다.

1에 7을 계속 곱한 결괏값은 다음과 같습니다.

7, 49, 343, 2401, 16807, … → 일의 자리 숫자는 7, 9, 3, 1이 반복됩니다.

Step 2 2에 2를 계속 곱해나가면 2, 4, 8, 6이 반복됩니다. 반복되는 수의 주기가 4이고 48은 4로 나누어떨어지므로 2^{48}의 일의 자리 숫자는 6입니다.

3에 3을 계속 곱해나가면 3, 9, 7, 1이 반복됩니다. 반복되는 수의 주기가 4이고 73은 4로 나누었을 때 나머지가 1이므로 3^{73}의 일의 자리 숫자는 3입니다.

7에 7을 계속 곱해나가면 7, 9, 3, 1이 반복됩니다. 반복되는 수의 주기가 4이고 23은 4로 나누었을 때 나머지가 3이므로 7^{23}의 일의 자리 숫자는 3입니다.

Step 3 $2^{48} \times 3^{73} \times 7^{23}$의 일의 자리 숫자는 2^{48}, 3^{73}, 7^{23}의 일의 자리 숫자를 곱한 값의 일의 자리 숫자와 같습니다. 6 × 3 × 3은 54이고 일의 자리 숫자는 4이므로 $2^{48} \times 3^{73} \times 7^{23}$의 일의 자리 숫자는 4입니다.

정답: (2, 4, 8, 6), (3, 9, 7, 1), (7, 9, 3, 1) / 6, 3, 3 / 4

확인하기 1

두 자리 홀수 중 가장 작은 수부터 연속된 10개의 홀수를 곱한 값의 일의 자리 숫자를 구하세요.

확인하기 2

$4^{73} \times 17^{48} \times 9^{20}$을 계산한 값의 일의 자리 숫자를 구하세요.

2. 연속된 N 의 개수

*운하 : 육지에 땅을 파 물을 들여 배를 타기 위해 만들어 놓은 길

표지판에 적힌 내용이 아래와 같을 때, 베르사유 정원의 대운하에는 대략 얼마만큼의 물이 채워져있는지 연속된 0의 개수를 구해서 (m^3)으로 표현하세요.

베르사유 정원의 대운하

대략적으로 $700 \cdots 00(cm^3)$만큼의 물이 차있는데 여기서 연속된 0의 개수는 (50! 을 계산한 값의 일의 자리부터 연속된 0의 개수 − 1)과 같습니다.

Step 1 1 ~ 50까지 5로 나누어떨어지는 수의 개수를 구하세요.

Step 2 1 ~ 50까지 25로 나누어떨어지는 수의 개수를 구하세요.

Step 3 베르사유 정원의 대운하에 차있는 물의 양을 구하세요.

풀이

문제 해결 TIP

· 일의 자리부터 연속된 0의 개수는 곱셈식에 포함된 (2 × 5)의 개수와 같습니다.

· 1~ 50까지의 연속된 수에는 2의 배수보다 5의 배수가 더 적으므로 5의 개수와 0의 개수는 같습니다.

50! = 1 × 2 × 3 × ⋯ × 48 × 49 × 50입니다. 이를 계산한 값의 일의 자리부터 연속된 0의 개수는 이 곱셈식에 포함된 (2 × 5)의 개수와 같습니다. 2는 반드시 5보다 많이 포함되어 있으므로 곱셈식에 포함된 5의 개수를 구해봅니다.

Step 1 1 ~ 50까지의 수 중 5의 배수는 5, 10, 15, ⋯, 40, 45, 50으로 총 10개 입니다.

Step 2 1 ~ 50까지의 수 중 25의 배수는 25, 50으로 총 2개 입니다.

Step 3 위의 이유로 50! 의 곱셈식에 포함된 5의 개수는 총 12개 입니다. (25와 50은 5를 2개 가지고 있는 수입니다. 25와 50에 포함된 5는 **Step 1** 과 **Step 2** 에서 각각 한 번씩 총 2번으로 센 것입니다. 이 곱셈식에 포함된 2의 개수는 이보다 많으므로 이 곱셈식에 포함된 (2 × 5)의 개수는 총 12개입니다. 따라서 50! 의 일의 자리부터 연속된 0의 개수는 12개 이고 관리인이 말한 700 ⋯ 00의 연속된 0의 개수는 11개 입니다. $1m^3$ = $1000000cm^3$이므로 대운하에 차있는 대략적인 물의 양은 $700000m^3$입니다.

정답 : 10개 / 2개 / $700000m^3$

확인하기 1

50 ~ 100까지의 연속된 자연수를 곱한 값을 10으로 계속 나눈다면 몇 번 나누어 떨어질지 구하세요.

확인하기 2

5^{73} × 8^{11} × 4^{17}을 계산한 결괏값의 일의 자리부터 연속된 0의 개수를 구하세요.

01 $3 \times 8 \times 13 \times 18 \times \cdots \times 88 \times 93 \times 98$를 계산한 결괏값의 일의 자리 숫자를 구하세요.

02 $\dfrac{1}{7}$ 을 소수로 나타낸다면 소수점 아래 제 2000번째 자리 숫자를 구하세요.

03 아래의 계산식을 계산한 결괏값을 5로 나눈 나머지를 구하세요.

$$\underbrace{7 \times 7 \times 7 \times \cdots \times 7 \times 7 \times 7}_{2002개}$$

04   15! × 75! 을 계산한 결괏값의 일의 자리부터 연속된 0의 개수를 구하세요.

05   $5^5 × 12^2 × 7^3 × 6^3$을 계산한 결괏값에서 일의 자리부터 연속된 0을 제외한 가장 작은 자리에 있는 숫자를 구하세요.

뭘 그렇게 생각해?

× ÷ + −
0의 자리 숫자
의 개수 ….

6 연습문제

06 $2^{24} + 3^{32} + 7^{39} + 9^{31}$ 을 계산한 결괏값의 일의 자리 숫자를 구하세요.

07 $100! \times 8^8 \times 5^{17}$ 을 계산한 결괏값을 10으로 계속해서 나눌 때, 최대 몇 번까지 나누어떨어지게 될지 구하세요.

08 $4^9 \times 5^{19} \times 7$ 은 몇 자리 수일지 구하세요.

09 아래의 계산식을 계산한 결괏값의 일의 자리 숫자를 구하세요.

$$1 + 2! + 3! + 4! + \cdots + 28! + 29! + 30!$$

10 두 자연수 $A = 1 + 2^2 + 2^4 + \cdots + 2^{28} + 2^{30}$, $B = 2 + 2^3 + 2^5 + \cdots + 2^{27} + 2^{29}$의 합 $A + B$를 이진법의 수로 표현하면 $(C - 1)_{(2)}$로 표현할 수 있습니다. 이때 이진법의 수 C의 일의 자리부터 연속된 0의 개수는 몇 개일지 구하세요.

01 100! − 9^2를 계산한 결괏값의 연속된 9의 개수를 구하세요.

02 자연수 A, B가 아래와 같습니다. $9 \times (A + B)$를 계산한 결괏값에서 연속된 9는 최대 몇 개까지 나오는지 구하세요.

> A = 66666…66666 → 6이 2001개 연속되는 자연수
>
> B = 55555…55555 → 5가 2001개 연속되는 자연수

03   N! 을 계산한 결괏값의 일의 자리부터 연속된 0의 개수가 50개인 N의 값을 모두 구하세요.

04   연속하는 두 개의 자연수를 곱했더니 아래와 같은 수가 되었습니다. 이 연속하는 두 개의 자연수를 더하면 일의 자리 수를 제외한 모든 자리 수는 N이 연속됩니다. N의 값과 N이 총 몇 개 나오는지 구하세요.

$$\underbrace{11111 \cdots 11111}_{30\text{개}}\underbrace{22222 \cdots 22222}_{30\text{개}}$$

6

창의적문제해결수학

01 아래의 식을 계산했을 때, 연속된 0의 개수를 구하세요.

$$\underbrace{999 \cdots 994}_{99\text{개의 }9} \times \underbrace{999 \cdots 994}_{99\text{개의 }9} + \underbrace{1999 \cdots 994}_{99\text{개의 }9} \times 6$$

02
창의융합문제

조건이 아래와 같을 때, 이 조건을 만족하는 '바토무슈' 가 뜻하는 네 자리 수를 찾으세요.

조건

1. '바토무슈' 라는 네 자리 수가 있습니다. (각 글자는 서로 다른 수를 뜻합니다.)

2. '바토무슈' 를 제곱하면 여덟 자리 수가 되는데 이 여덟 자리 수의 끝 네 자리 수는 '바토무슈' 입니다.

프랑스 파리에서 여섯째 날 모든 문제 끝!
수학여행을 마친 기분은 어떤가요?

무한상상

무한상상

창의영재수학

아이앤아이

정답 및 풀이

고급
초6~중등

A
수와 연산
프랑스 파리편

창의력교재
업계1위

아이 앤 아이

창·의·력·수·학 / 과·학

영재학교·과학고	영재교육원·영재성검사	과학대회 준비
아이앤아이 물리학 (상,하)	아이앤아이 영재들의 수학여행 수학 32권 (5단계)	아이앤아이 꾸러미 과학대회 초등 – 각종 대회, 과학 논술/서술
아이앤아이 화학 (상,하)	아이앤아이 꾸러미 48제 모의고사 수학 3권, 과학 3권	아이앤아이 꾸러미 과학대회 중고등 – 각종 대회, 과학 논술/서술
아이앤아이 생명과학 (상,하)	아이앤아이 꾸러미 120제 수학 3권, 과학 3권	
아이앤아이 지구과학 (상,하)	아이앤아이 꾸러미 시리즈 (전4권) 수학, 과학 영재교육원 대비 종합서	
	아이앤아이 초등과학 시리즈 (전4권) 과학 (초 3,4,5,6) – 창의적문제해결력	

무한상상

Imagine Infinite!

창의영재수학

아이앤아이

정답 및 풀이

고급 초등6~중등 **A** 수와 연산 프랑스 파리편

1. 연속하는 자연수

대표문제 1   확인하기 ················· P. 13

[정답] 풀이 과정 참조

[풀이 과정]
예약번호 585960을 연속된 세자리, 다섯자리 수의 합으로 나타내거나 연속된 8쌍의 수의 합으로 나타낼 수 있습니다.

① 585960 = 195320 × 3 = (가운데수 × 3)
   ∴ 585960 = 195319 + 195320 + 195321

② 585960 = 117192 × 5 = (가운데수 × 5)
   ∴ 585960 = 117190 + 117191 + 117192 + 117193 + 117194

③ 585960 = 146490 × 4 = 73245 × 8 = (36622 + 36623) × 8 = (가운데 1쌍) × 8
   ∴ 585960 = 36615 + 36616 + 36617 + 36618 + 36619 + 36620 + 36621 + 36622 + 36623 + 36624 + 36625 + 36626 + 36627 + 36628 + 36629 + 36630

대표문제 2   확인하기 1 ················· P. 15

[정답] 풀이 과정 참조

[풀이 과정]
① 총 가격이 10의 배수가 되기 위해서는 5개의 연속된 자연수의 합의 일의 자릿수가 0이 되어야 합니다.
   따라서 각 메뉴 가격의 일의 자리 수는 (2, 3, 4, 5, 6), (4, 5, 6, 7, 8), (6, 7, 8, 9, 10), (8, 9, 0, 1, 2), (0, 1, 2, 3, 4) 입니다.

② 따라서 음식값으로 가능한 것은 (12, 13, 14, 15, 16), (14, 15, 16, 17, 18), (22, 23, 24, 25, 26), (24, 25, 26, 27, 28), (16, 17, 18, 19, 20), (18, 19, 20, 21, 22), (10, 11, 12, 13, 14), (20, 21, 22, 23, 24) 입니다.

대표문제 2   확인하기 2 ················· P. 15

[정답] 30유로일 때

[풀이 과정]
① 5개의 연속된 가격의 메뉴를 시킬 때의 총 음식값으로 가능한 것은 (2, 3, 4, 5, 6) → 20 , (4, 5, 6, 7, 8) → 30
   (12, 13, 14, 15, 16) → 70, (14, 15, 16, 17, 18) → 80
   (22, 23, 24, 25, 26) → 120, (24, 25, 26, 27, 28) → 130
   (16, 17, 18, 19, 20) → 90, (18, 19, 20, 21, 22) → 100
   (10, 11, 12, 13, 14) → 60, (20, 21, 22, 23, 24) → 110
   20, 30, 60, 70, 80, 90, 100, 110, 120, 130유로 입니다.

② 각 가격에 따라 3개의 연속된 자연수로 표시합니다. (60제외) 이때, 가격은 3의 배수입니다.
   30 = 3 × 10 = 9 + 10 + 11, 90 = 3 × 30 = 29 + 30 + 31
   → 10 ~ 30유로 사이의 값이 아닙니다.
   120 = 3 × 40 = 39 + 40 + 41
   → 10~30유로 사이의 값이 아닙니다.

③ 따라서 60유로일 때를 제외하고 연속된 값의 메뉴 중 3개, 5개를 시킬 때 총 음식값이 같은 경우는 30유로일 때입니다.

연습문제   01 ················· P. 16

[정답] 5, 12, 19, 26

[풀이 과정]
① 연속된 7개의 수를 더하면 7로 나눠떨어지게 되므로 어느 한 주의 날짜를 모두 더하면 7로 나눠떨어집니다.

② 한 주의 날짜를 모두 더한 값이 49로 나눠떨어지기 위해서 한 주의 날짜를 모두 더한 값이 될 수 있는 수는 다음과 같습니다. → 49, 98, 147, 196 (한 달은 31일까지만 있기 때문)

③ 연속된 7개의 자연수의 합은 (가운데 수 × 7)이므로 한 주의 가운데 날(가운데 수)인 수요일로 가능한 날짜는 다음과 같습니다.
   → 49 = 7 × 7 = 4 + 5 + 6 + ⑦ + 8 + 9 + 10
   98 = 7 × 14 = 11 + 12 + 13 + ⑭ + 15 + 16 + 17
   147 = 7 × 21 = 18 + 19 + 20 + ㉑ + 22 + 23 + 24
   196 = 7 × 28 = 25 + 26 + 27 + ㉘ + 29 + 30 + 31
   → 수요일로 가능한 날짜는 7, 14, 21, 28일입니다.

④ 따라서 한 주는 일요일부터 시작하므로, 월요일 날짜로 가능한 수는 다음과 같습니다.
   → 5, 12, 19, 26 (정답)

[정답] 348

[풀이 과정]
① 연속하는 3개의 자연수 중 가운데 수가 짝수이고, 가장 작은 수의 일의 자릿수는 5가 되어야 합니다.
② 따라서 연속하는 3개의 자연수의 일의 자릿수는 각각 5, 6, 7입니다.
③ 13의 배수 중 일의 자릿수가 7인 수 중 가장 작은 수는 117 (13 × 9)입니다.
④ 조건을 만족하는 연속하는 3개의 자연수는 115, 116, 117 입니다.
⑤ 따라서 조건을 만족하는 연속하는 3개의 자연수의 가장 작은 합은 115 + 116 + 117 = 348입니다. (정답)

[정답] 풀이 과정 참조

[풀이 과정]
① 675는 홀수이므로 연속하는 두 수의 합으로 표현이 가능합니다.
② 675의 홀수인 약수 3, 5, 9, 15로 나눠서 해당 수의 앞, 뒤 수로 표현해보도록 합니다.
③ i. 675 = 337 + 338
   ii. 675 = 225 × 3 = 224 + 225 + 226
   iii. 675 = 135 × 5 = 133 + 134 + 135 + 136 + 137
   iv. 675 = 75 × 9 = 71 + 72 + 73 + 74 + 75 + 76 + 77 + 78 + 79
   v. 675 = 45 × 15 = 38 + 39 + 40 + 41 + 42 + 43 + 44 + 45 + 46 + 47 + 48 + 49 + 50 + 51 + 52

[정답] 36, 51

[풀이 과정]
① 연속하는 세 자연수를 곱했을 때, 일의 자릿수가 6이 되기 위해서는 연속하는 세 자연수의 일의 자릿수는 각각 1, 2, 3또는 6, 7, 8이어야 합니다.
② 연속한 자연수를 곱해서 네 자릿수가 되고 조건을 만족하기 위해선 연속한 세 자연수는 11, 12, 13또는 16, 17, 18 입니다.
③ 따라서 세 자연수의 합은
   11 + 12 + 13 = 36, 16 + 17 + 18 = 51입니다. (정답)

[정답] 130, 215, 300, 385, 470

[풀이 과정]
① 연속하는 5개의 두 자리 자연수의 합을 17로 나눴을 때, 나머지가 11이므로 17 × A + 11의 꼴입니다.
② 연속하는 5개의 두 자리 자연수의 합인 17 × A + 11 은 60 보다 크며 5의 배수 입니다.
③ 이를 만족하는 연속하는 5개의 두 자리 자연수의 합은 130, 215, 300, 385, 470입니다.
④ 130 = 26 × 5 = 24 + 25 + 26 + 27 + 28
   215 = 43 × 5 = 41 + 42 + 43 + 44 + 45
   300 = 60 × 5 = 58 + 59 + 60 + 61 + 62
   385 = 77 × 5 = 75 + 76 + 77 + 78 + 79
   470 = 94 × 5 = 92 + 93 + 94 + 95 + 96
   으로 쓸 수 있습니다.

[정답] 10, 12, 14, 16, 18

[풀이 과정]
① 연속한 5개의 짝수를 각각
   A - 4, A - 2, A, A + 2,
   A + 4로 생각합니다. (A는 짝수)
② 가장 작은 수를 2배하면 가장 큰 수보다 커지므로 식은 다음과 같습니다. 2 × (A - 4) > A + 4
③ 따라서 A는 12 보다 큰 짝수입니다.
④ 조건을 만족하는 연속한 5개의 짝수의 합이 가장 작을 경우는 A가 14일 경우이고
   이때 합은 10 + 12 + 14 + 16 + 18 = 70입니다. (정답)

[정답] 8가지

[풀이 과정]

① 연속한 4개의 두 자리 자연수의 합이 두 자리 수일 경우부터 생각해봅니다. 4개의 수를 더한 값의 십의 자리 수가 8이 되기위해선 연속한 4개의 두 자리 자연수는 다음과 같습니다.
→ 41 × 2 = (19, 20, 21, 22), 43 × 2 = (20, 21, 22, 23)

② 연속한 4개의 두 자리 자연수의 합이 세 자리 수이고 백의 자리가 1일 경우를 생각해보면 다음과 같습니다.
→ 91 × 2 = (44, 45, 46, 47), 93 × 2 = (45, 46, 47, 48)

③ 연속한 4개의 두 자리 자연수의 합이 세 자리 수이고 백의 자리가 2일 경우를 생각해보면 다음과 같습니다.
→ 141 × 2 = (69, 70, 71, 72), 143 × 2 = (70, 71, 72, 73)

④ 연속한 4개의 두 자리 자연수의 합이 세 자리 수이고 백의 자리가 3일경우를 생각해보면 다음과 같습니다.
→ 191 × 2 = (94, 95, 96, 97), 193 × 2 = (95, 96, 97, 98)

⑤ 연속한 4개의 두 자리 자연수의 합은 400 보다 클 수 없으므로 모든 경우의 수는 총 8가지입니다. (정답)

[정답] 20번

[풀이 과정]

① 1부터 9까지 적을 때, 각 수는 1번씩 적게 됩니다.

② 10부터 19까지 적을 때, 1 은 11번, 2 ~ 9는 각각 1번씩 적게 됩니다.

③ 20부터 29까지 적을 때, 2는 11번 1, 3 ~ 9는 각각 1번씩 적게 됩니다.

④ 마찬가지로 30 ~ 39, 40 ~ 49, 50 ~ 59, 60 ~ 69, 70 ~ 79, 80 ~ 89, 90 ~ 99를 적을 때를 생각해보면 1 ~ 9까지의 수는 각각 20번씩 적게 됩니다. (정답)

[정답] 3, 4, 5

[풀이 과정]

① 연속하는 한 자리 자연수 3개를 각각 A − 1, A, A + 1로 생각합니다.

② 이 3개의 수를 이용하여 세 자릿수를 만들면 각각 다음과 같습니다.
$100 × (A − 1) + 10 × A + A + 1$
$100 × (A − 1) + 10 × (A + 1) + A$
$100 × A + 10 × (A − 1) + A + 1$
$100 × A + 10 × (A + 1) + A − 1$
$100 × (A + 1) + 10 × (A − 1) + A$
$100 × (A + 1) + 10 × A + A − 1$

③ 만들 수 있는 모든 세 자릿수를 모두 더하면 $666 × A = 2664$이므로 A = 4입니다.

④ 따라서 조건을 만족하는 연속하는 한 자리 자연수 3개는 3, 4, 5입니다. (정답)

[정답] 56개

[풀이 과정]

① 한 자연수를 연속하는 자연수 5개의 합과 7개의 합으로 나타낼 수 있으려면 이 수는 5 와 7의 공배수여야 합니다.

② 5와 7의 공배수는 35이며, 35의 배수는 연속된 자연수 5개와 7개의 합으로 각각 표현이 가능합니다.

③ 35의 배수 중 짝수인 수는 70의 배수입니다.

④ 100부터 4000까지의 자연수 중 70의 배수는 56개입니다.

[정답] 123

[풀이 과정]

① 연속한 3의 배수 사이에서 연속한 39개의 수를 뽑으면 아래와 같이 2가지 경우가 나옵니다.
i. 짝수가 20개, 홀수가 19개인 경우,
ii. 짝수가 19개, 홀수가 20개인 경우

② 홀수가 19개인 경우
홀수 19개를 더한 합은 19의 배수임과 동시에 19개의 수 중 가운데 수의 배수입니다. 따라서 이 수들의 합이 11의 배수가 되기 위해서는 가운데 수가 11의 배수가 되어야 합니다.
3과 11의 공배수이면서 홀수인 수는 33, 99, 165, … 와 같은 수입니다.
33 은 가운데 수가 될 수 없으므로 19개의 홀수들의 합이 가장 작기 위해서는 가운데 수는 99가 되어야 합니다.
따라서 처음에 뽑은 39개의 수는 다음과 같습니다.
42, 45, 48, …, 93, 96, 99, 102, 105, …, 147, 150, 153, 156
이때 홀수의 합은 $19 \times 99 = 1881$입니다.

③ 홀수가 20개인 경우
홀수 20개를 더한 합은 (가운데 두 수의 합) × 10입니다. 이 수들의 합이 11의 배수가 되기 위해서는 (가운데 두 수의 합)이 11의 배수가 되어야 하며 조건을 만족하는 가장 작은 두 수는 63 과 69입니다.
이때 처음에 뽑은 39개의 수는 다음과 같습니다.
9, 12, 15, …, 63, 66, 69, 72, …, 120, 123
따라서 홀수의 합은 $(63 + 69) \times 10 = 1320$입니다.

④ 따라서 모든 조건을 만족하며 합한 값이 가장 작을 때는 홀수가 20개인 경우이고 이때 처음에 뽑은 39개의 수 중 가장 큰 수는 123입니다. (정답)

[정답] 3

[풀이 과정]

① 한 자리 자연수를 입력할 때는 키보드 자판의 숫자를 1 ~ 9까지 9번 눌렀습니다.

② 두 자리 자연수를 입력할 때는 10 ~ 99까지 키보드 자판의 숫자를 180번 눌렀습니다.

③ 따라서 1000번째 누른 숫자는 세 자리 자연수를 입력할 때, 811번째 누른 숫자입니다.

④ $810 = 270 \times 3$입니다. 따라서 811번째 누른 숫자는 세 자리 자연수 중 271번째 수의 백의 자리 수입니다.

⑤ 세자리 자연수 중 첫번째는 100, 두번째는 101이므로 271번째 세 자리 자연수는 370이고, 1000번째 누른 수는 3입니다. (정답)

[정답] 40

[풀이 과정]

① 연속하는 자연수 7개 중 3의 배수인 수가 3개인 경우는 다음과 같습니다.
(3, 4, 5, 6, 7, 8, 9), …, (30, 31, 32, 33, 34, 35, 36),
이 중 3의 배수들의 합이 두 자릿수가 되는 경우는 (3, 6, 9)부터 (30, 33, 36)까지 10가지입니다.

② 연속하는 자연수 7개 중 두번째, 다섯번째 수가 3의 배수인 경우는 다음과 같습니다.
(2, 3, 4, 5, 6, 7, 8), (5, 6, 7, 8, 9, 10, 11), …, (47, 48, 49, 50, 51, 52, 53), …
이 중 3의 배수들의 합이 두 자릿수가 되는 경우는 (6, 9)부터 (48, 51)까지 15가지입니다.

③ 연속하는 자연수 7개 중 세번째, 여섯번째 수가 3의 배수인 경우는 다음과 같습니다.
(1, 2, 3, 4, ,5, 6, 7), (4, 5, 6, 7, 8, 9 ,10), …, (46, 47, 48, 49, 50, 51, 52), …
이 중 3의 배수들의 합이 두 자릿수가 되는 경우는 (6, 9)부터 (48, 51)까지 15가지입니다.

④ 따라서 연속하는 자연수 7개 중 3의 배수만을 골라 더한 값이 두 자릿수가 되는 경우는 총 $10 + 15 + 15 = 40$가지입니다. (정답)

[정답] 642

[풀이 과정]

① 연속하는 4개의 자연수 중 두번째 수가 10의 배수이므로 이 연속하는 4개의 자연수 의 일의 자리 수는 차례대로 9, 0, 1, 2입니다.

② 7의 배수 중 일의 자릿수가 1인 수는 21, 91, 161과 같은 수입니다.

③ 이 중 나머지 조건을 만족시키는 수는 다음과 같습니다.
(159, 160, 161, 162), (369, 370, 371, 372), …

④ 조건을 만족하는 연속하는 4개의 자연수의 합이 가장 작은 경우는 (159, 160, 161, 162)인 경우이고 이때의 합은 642입니다. (정답)

창의적문제해결수학 01 ·········· P. 22

[정답] 풀이과정 참조

[풀이 과정]

① 11개의 자연수를 다음과 같이 생각합니다.
A, A + 1, A + 2, …, A + 9, A + 10
이 수들의 합은 11 × (A + 5)입니다.

② 10개의 자연수를 다음과 같이 생각합니다.
B, B + 1, B + 2, …, B + 8, B + 9
이 수들의 합은 5 × (2B + 9)입니다.

③ 따라서 각 수들의 합이 같으려면 아래의 식을 만족해야 합니다.
11 × (A + 5) = 5 × (2B + 9)
→ 11 A + 10 = 10 B

④ 따라서 자연수 A, B는 다음과 같습니다. A는 10의 배수 이어야 합니다.
(A, B) = (10, 12), (20, 23), (30, 34), …

⑤ 11개의 연속된 자연수의 합과 이어지는 10개의 연속된 자연수의 합이 같은 경우는
(A, B) = (100, 111)이며, 이때의 식은
100 + 101 + 102 + 103 + 104 + 105 + 106 + 107 + 108 + 109 + 110 = 111 + 112 + 113 + 114 + 115 + 116 + 117 + 118 + 119 + 120 입니다. (정답)

창의적문제해결수학 02 ·········· P. 23

[정답] 풀이과정 참조

[풀이 과정]

① 6 = 3 × 2 (가운데 수) = 1 + 2 + 3
28 = 7 × 4 (가운데 수) = 1 + 2 + 3 + … + 6 + 7
496 = 31 × 16 (가운데 수) = 1 + 2 + 3 + … + 30 + 31
8128 = 127 × 64 (가운데 수) = 1 + 2 + 3 + … + 126 + 127

② 28 = $1^3 + 3^3$
496 = $1^3 + 3^3 + 5^3 + 7^3$
8128 = $1^3 + 3^3 + … + 13^3 + 15^3$

2. 배수 판정법

대표문제 | 확인하기 1 ·········· P. 29

[정답] 120, 216, 612

[풀이 과정]

① 12의 배수가 되려면 3의 배수 판정 조건과 4의 배수판정 조건을 모두 만족해야 합니다.

② 카드 3장으로 세자릿수를 만들 때 자릿수의 합이 3의 배수가 되게 만듭니다.
102, 105, 120, 126, 210, 216, 612, 621가 있습니다.

③ 위 8가지 숫자 중 4의 배수인 것을 찾습니다. 끝 두자리가 00이거나 4의 배수인 수입니다.
120, 216, 612가 있습니다.

④ 따라서 숫자 카드로 만들 수 있는 12의 배수인 3자릿수는 120, 216, 612 세 가지입니다.

대표문제 | 확인하기 2 ·········· P. 29

[정답] (9, 0), (7, 2), (5, 4), (3, 6), (1, 8)

[풀이 과정]

① 18로 나눠 떨어지려면 일의 자릿수 B가 짝수이고
(A + A + B + B) 가 9의 배수여야 합니다. (2와 9의 배수판정 조건을 모두 만족)

② i . B = 0일 때 2A가 9의 배수이므로 A = 9가 있습니다.
ii. B = 2일 때 2A + 4가 9의 배수이므로 A = 7이 있습니다.
iii. B = 4일 때 2A + 8가 9의 배수이므로 A = 4이 있습니다.
iv. B = 6일 때 2A + 12가 9의 배수이므로 A = 3이 있습니다.
v. B = 8일 때 2A + 16이 9의 배수이므로 A = 1이 있습니다.

③ 따라서 AABB가 18로 나눠 떨어지기 위해서
(A, B) = (9 , 0), (7, 2), (5, 4), (3, 6), (1, 8) 입니다.

[정답] 1032, 9984

[풀이 과정]

① 12의 배수가 되려면 3의 배수이면서 4의 배수이어야 하므로 각 자릿수의 합이 3의 배수이고, 끝 두자리가 00 또는 4의 배수이어야 합니다.

② 1, 3, 5, 7, 9 중 2개, 0, 2, 4, 6, 8 중 2개를 사용한 네자리 수이므로 작은 수부터 쓰면 다음과 같습니다.
1001, 1003, 1007, 1009
1012, 1014, 1016, 1018
1032, 1034, 1036, 1038 …
이 중 12의 배수는 1032 입니다.

③ 같은 조건으로 큰 수부터 쓰면 다음과 같습니다.
9988 9986 9984 …
이 중 처음 나오는 12의 배수는 9984입니다.

[정답] 1116, 9990

[풀이 과정]

① 18의 배수는 9의 배수이면서 짝수입니다.

② 네자릿수의 마지막 수는 0, 2, 4, 6, 8 중 하나이고, 각 자릿수의 합이 9의 배수이어야 합니다.

③ 1, 3, 5, 7, 9 중 중복하여 3개, 0, 2, 4, 6, 8 중 1개로 이루어진 네자릿수를 가장 작은 수부터 나열하여 써보면 아래와 같고, 이 중 가장 작은 18의 배수는 1116입니다.
1011, 1013, 1015, 1017, 1019
1110, 1112, 1114, 1116, 1118
1211, 1213, 1215, 1217, 1219 …

④ 조건에 맞춰 가장 큰 수부터 나열하면
9998, 9996, 9994, 9992
9990, 9899, 9897 …
이 중 가장 큰 18의 배수는 9990입니다.

[정답] 2, 5, 8

[풀이 과정]

① 두 자릿수 14는 2의 배수이고 3의 배수는 아닙니다.
따라서 14 × 1234□가 6의 배수가 되기 위해선 1234□는 3의 배수가 되어야 합니다.

② 1234□가 3의 배수가 되기위한 조건은 1 + 2 + 3 + 4 + □ 가 3의 배수인 것이고, 따라서 □ = 2, 5, 8입니다. (정답)

[정답] 풀이과정 참조

[풀이 과정]

① CDE는 8의 배수입니다.

② ABCDE = (AB × 1000) + CDE입니다.

③ 1000 은 8로 나누어떨어집니다. (8의 배수 + 8의 배수)는 8의 배수가 되므로 ABCDE는 8의 배수입니다.

[정답] 정답 : 가장 큰 수 : 8820, 가장 작은 수 : 2088

[풀이 과정]

① 9로 나누어떨어지기 위해서는 각 자리 숫자의 합이 9의 배수가 되어야 합니다.

② 각 자리 숫자는 홀수가 아닌 수로만 이루어져 있으므로 합이 9의 배수가 되기 위해선 각 자리 숫자의 합은 18이어야 합니다.

③ 홀수가 아닌 수 4개의 합이 18인 경우는 다음과 같습니다.
(0, 2, 8, 8), (0, 4, 6, 8), (0, 6, 6, 6), (2, 2, 6, 8), (2, 4, 4, 8), (4, 4, 4, 6)

④ 따라서 만들 수 있는 네 자리 수 중가장 큰 수는 8820 이고 가장 작은 수는 2088입니다.

연습문제 04 .... P. 33

[정답] 3

[풀이 과정]

① 15의 배수인 ABC는 3의 배수입니다. 따라서 A + B + C = 3X입니다. (단, X는 자연수)

② DEFG는 9의 배수이므로 D + E + F + G = 9Y입니다. (단, Y는 자연수)

③ 따라서 A + B + C + D + E + F + G = 3X + 9Y = 3 × (X + 3Y)입니다.

④ 따라서 일곱 자릿수 ABCDEFG는 반드시 3의 배수가 됩니다.

연습문제 05 .... P. 33

[정답] 162

[풀이 과정]

① 이 세 자리 자연수는 (각 자리 수를 모두 더한 값 × 18)이므로 18의 배수입니다. 따라서 2의 배수이자 9의 배수입니다.

② 따라서 이 세 자리 자연수를 ABC 라고 하면 A + B + C 는 9의 배수가 되어야 하고 C는 0, 2, 4, 6, 8 중 하나입니다.

③ 이를 만족하는 (A, B, C)는 다음과 같습니다.
(1, 8, 0), (2, 7, 0), (3, 6, 0), (4, 5, 0), (5, 4, 0), (6, 3, 0), (7, 2, 0), (8, 1, 0), (1, 6, 2), (2, 5, 2), (3, 4, 2), (5, 2, 2), (6, 1, 2), (7, 0, 2), (1, 4, 4), (2, 3, 4), (3, 2, 4), (4, 1, 4), (5, 0, 4), (1, 2, 6), (2, 1, 6), (3, 0, 6)
→ 각 자리 수를 모두 더한 값이 9인 경우
(7, 9, 2), (8, 8, 2), (9, 7, 2), (5, 9, 4), (6, 8, 4), (7, 7, 4), (8, 6, 4), (9, 5, 4), (3, 9, 6), (4, 8, 6), (5, 7, 6), (6, 6, 6), (7, 5, 6), (8, 4, 6), (9, 3, 6), (1, 9, 8), (2, 8, 8), (3, 7, 8), (4, 6, 8), (5, 5, 8), (6, 4, 8), (7, 3, 8), (8, 2, 8), (9, 1, 8), (9, 0, 9), (9, 9, 0)
→ 각 자리 수를 모두 더한 값이 18인 경우

④ 이 중 세 자리 자연수 = (각 자리 수를 모두 더한 값 × 18)이 되는 경우는 세 자리 자연수가 162인 경우뿐입니다. (정답)

연습문제 06 .... P. 34

[정답] 27, 57, 87

[풀이 과정]

① 3을 더하면 5의 배수가 되고, 3을 빼면 6의 배수가 되려면 이 두 자리 자연수의 일의 자리 수는 7이어야 합니다. 두 자리 자연수의 일의 자릿수가 2인 경우는, 3을 뺐을 때 홀수가 되므로 6의 배수가 될 수 없습니다.

② 따라서 가능한 두 자리 자연수는 17, 27, 37, ⋯, 77, 87, 97입니다.

③ 이 중 3을 빼서 6의 배수가 되는 경우는 27, 57, 87일 경우 뿐입니다. (정답)

연습문제 07 .... P. 34

[정답] 가장 작은 수 : 51240, 가장 큰 수 : 59820

[풀이 과정]

① 15의 배수이려면 3의 배수이면서 5의 배수이어야 합니다.

② 5의 배수이기 위해서는 일의 자릿수가 0또는 5이어야 합니다. 맨 앞자리 수가 5이고, 각 자리 숫자가 모두 달라야 하기 때문에 이 다섯 자릿수의 일의 자릿수는 0입니다.
→ 5□□□0

③ 이 다섯 자릿수가 15의 배수이기 위해서는 각 자리 숫자의 합이 3의 배수가 되어야 합니다.

④ 서로 다른 다섯 자릿수 중 가장 작은 수는 각 자리 숫자의 합이 12일 경우이고 가운데 세 자리에 들어갈 수는 (1, 2, 4)입니다. 따라서 가장 작은 다섯 자릿수는 51240입니다.

⑤ 이 다섯 자릿수 중 가장 큰 수는 각 자리 숫자의 합이 24일 경우이고, 가운데 세 자리에 들어갈 수는 (9, 8, 2)입니다. 따라서 가장 큰 다섯 자릿수는 59820입니다.

[정답] 17가지

[풀이 과정]

① 60으로 나누어떨어지기 위해서는 3, 4, 5의 배수판정 조건을 모두 만족해야 합니다.

② 5의 배수가 되기 위해서는 일의 자릿수가 0또는 5가 되어야 합니다. 하지만 일의 자릿수가 5가 될 경우 4의 배수가 될 수 없으므로 일의 자리 수는 0이 되어야 합니다.

③ 4의 배수가 되려면 끝 두 자릿수가 4의 배수가 되어야 합니다. 일의 자릿수가 0이므로 십의 자릿수는 0, 2, 4, 6, 8입니다.

 i. 십의 자릿수가 0일 경우
    각 자리 숫자의 합이 3의 배수가 되어야 하므로 백의 자릿수로 가능한 수는 0, 3, 6, 9입니다. (4가지)

 ii. 십의 자릿수가 2일 경우
    각 자리 숫자의 합이 3의 배수가 되어야 하므로 백의 자릿수로 가능한 수는 1, 4, 7입니다. (3가지)

 iii. 십의 자릿수가 4일 경우
    각 자리 숫자의 합이 3의 배수가 되어야 하므로 백의 자릿수로 가능한 수는 2, 5, 8입니다. (3가지)

 iv. 십의 자릿수가 6일 경우
    각 자리 숫자의 합이 3의 배수가 되어야 하므로 백의 자릿수로 가능한 수는 0, 3, 6, 9입니다. (4가지)

 v. 십의 자릿수가 8일 경우
    각 자리 숫자의 합이 3의 배수가 되어야 하므로 백의 자릿수로 가능한 수는 1, 4, 7입니다. (3가지)

④ 따라서 총 경우의 수는 4 + 3 + 3 + 4 + 3 = 17가지입니다. (정답)

[정답] 657000

[풀이 과정]

① 360으로 나누어떨어지기 위해서는 5, 8, 9의 배수판정 조건을 모두 만족해야 합니다.

② 5의 배수가 되기 위해서는 일의 자릿수가 0또는 5가 되어야 합니다. 하지만 일의 자릿수가 5가 되면 8의 배수가 될 수 없으므로 일의 자릿수는 0 이 되어야 합니다.
 → 6□7□00

③ 8의 배수가 되기 위해서는 끝 세자릿수가 8의 배수가 되어야 합니다. 따라서 백의 자릿수는 0, 2, 4, 6, 8입니다.

④ 백의 자릿수가 0일 경우
 → 6□7000이므로 9의 배수가 되기위해서는 각 자릿수의 합이 9의 배수이어야 하므로 □ = 5입니다.
따라서 이 여섯 자릿수는 657000입니다.
백의 자릿수가 2, 4, 6, 8일 경우는 만의 자릿수가 그만큼 줄어들기 때문에 657000 보다 작아지게 됩니다. 따라서 이 여섯 자릿수 중 가장 큰 수는 657000입니다. (정답)

[정답] 45

[풀이 과정]

① 이 두 자릿수는 (각 자릿수의 합 × 5)이므로 5의 배수입니다. 따라서 일의 자릿수는 0또는 5입니다.

② 일의 자릿수가 0 이라면 이 두 자릿수는
십의 자릿수가 2, 4, 6, 8일 때 (20, 40, 60, 80일 때) 각각
(십의 자리 수 × 5) = 10, 20, 30, 40이므로 서로 같을 수 없습니다. 그러므로 일의 자릿수는 0이 아닙니다.

③ 따라서 일의 자릿수는 5가 되고 (십의 자릿수 + 5) × 5는 이 두 자릿수가 되므로 이를 만족하는 십의 자릿수는 4입니다.
따라서 이 두 자릿수는 45입니다. (정답)

심화문제 01 ·· P. 36

[정답] 1,411,200 원

[풀이 과정]

① 72명이 낸 총 금액이 1,□□□,200원이므로 1□□□200 는 72의 배수입니다.
72명이 1인당 낸 금액은 2만원 이하이므로 총 금액은 1,440,000 원 이하입니다.

② 72의 배수가 되기 위해선 8과 9의 배수판정 조건을 모두 만족해야 합니다.

③ 1인이 내는 금액의 최소 단위가 100 원이므로 1 □□□2 는 8 과 9의 배수판정 조건을 모두 만족해야 합니다.

④ 1□□□2가 8의 배수이기 위해서는 끝 세 자릿수가 8의 배수가 되어야 합니다. 따라서 가능한 수는 다음과 같습니다.
1□032, 1□072, 1□112, …. 1□984, 1□992

⑤ 9의 배수이려면 각 자릿수의 합이 9의 배수이어야 합니다. 가능한 가장 큰 금액은 □가 4일 경우이므로 □를 제외한 각 자릿수의 합이 5 또는 14가 되는 경우입니다.
위의 수 중 이러한 수는 다음과 같습니다.
→ 1□112, 1□472, 1□832
14400 보다 작아야 하므로 가능한 가장 큰 금액은 14112 이고 따라서 가능한 총 금액은 1,411,200 원입니다. 이는 1인당 19,600 원씩 내는 경우입니다.

심화문제 02 ·· P. 36

[정답] A = 4, B = 2

[풀이 과정]

① A6B를 2번 연달아 적은 A6BA6B는 A6B × 1001 이고 1001 은 77로 나누어떨어지기 때문에 77의 배수입니다.

② 마찬가지로 A6B를 4번 연달아 적은 A6BA6BA6BA6B는 A6BA6B × (A6B × 1001) = (A6B × 1001) × (A6B × 1001)은 77의 배수입니다.

③ 따라서 A6B를 51번 연달아 적어 153 자릿수 = 150자릿수 × A6B가 77로 나누어 떨어진다는 의미는 A6B가 77로 나누어 떨어진다는 의미와 같습니다. (A6BA6B가 77로 나누어 떨어지므로.)

④ 따라서 A6B가 77로 나누어 떨어지기 위해선
A = 4, B = 2가 되어야 합니다.

심화문제 03 ·· P. 37

[정답] A = 2, B = 3

[풀이 과정]

① 3079AB가 77로 나누어 떨어지면 7 과 11의 배수판정 조건을 모두 만족해야 합니다.

② 따라서 (3 + 7 + A) - (9 + B) 은 0 또는 11의 배수입니다. 1 + A - B는 11이 될 수 없으므로 1 + A - B = 0 입니다. 따라서 A = B - 1입니다.

③ 따라서 가능한 여섯 자릿수는 307901, 307912, … 307989입니다.

④ 이 중 307923 만이 7의 배수가 됩니다. A = 2, B = 3입니다. (정답)
30792 - 6 = 30786은 7의 배수입니다. (7의 배수 판정 방법)

심화문제 04 ·· P. 37

[정답] 18, 26, 36

[풀이 과정]

① 18로 나누어떨어지기 위해서는 2 와 9의 배수판정 조건을 모두 만족해야 합니다. 따라서 일의 자릿수는 0 ,2 ,4 ,6, 8로 끝나야 하며 각 자리 숫자의 합은 9의 배수가 되어야 합니다.

② 1 ~ 9까지의 각 자리 숫자의 합은 45, 10 ~ 19까지의 각 자리 숫자의 합은 55, 20 ~ 29까지의 각 자리 숫자의 합은 65, 30 ~ 39까지의 각 자리 숫자의 합은 75입니다.

③ 이를 이용해서 9의 배수가 되는 구간을 찾아보도록 합니다.

④ 1 ~ 12까지 적은 수는 각 자리 숫자의 합이 51이므로 9의 배수가 아닙니다.
1 ~ 14까지 적은 수는 각 자리 숫자의 합이 60이므로 9의 배수가 아닙니다.
1 ~ 16까지 적은 수는 각 자리 숫자의 합이 73이므로 9의 배수가 아닙니다.
1 ~ 18까지 적은 수는 각 자리 숫자의 합이 90이므로 9의 배수가 됩니다.

⑤ 이와 같이 12 ~ 40까지의 짝수를 적은 수의 각 자리 숫자의 합을 생각해보면 조건을 만족하는 N은 다음과 같습니다. → 18, 26, 36 (정답)

창의적문제해결수학 01 ·········· P. 38

[정답] 435120

[풀이 과정]

① 9를 제외한 1 ~ 10까지의 자연수 모두로 나누어떨어진다면 각 수의 배수판정 조건을 모두 만족해야 합니다. 10으로 나누어떨어지기 위해서는 일의 자릿수는 0이 되어야 합니다.
→ 4□□□□0

② 4의 배수가 되기 위해서는 끝 두 자릿수가 4의 배수가 되어야 합니다. 따라서 00, 20, 40, 이가능하지만 0 과 4는 이미 사용된 수이므로 십의 자릿수는 2입니다.
→ 4□□□20

③ 8의 배수가 되기 위해서는 끝 세 자릿수가 8의 배수가 되어야 합니다. 따라서 백의 자리 수는 1, 3, 5 모두가능합니다. 따라서 가능한 여섯 자릿수는 413520, 415320, 431520, 435120, 451320, 453120 총 6가지입니다.

④ 이 중 7의 배수판정 조건을 이용해서 7의 배수가 되는 수를 판별해보면 이 여섯 자릿수는 435120 이라는 것을 알 수 있습니다. (정답)
43512 – (0 × 2) = 43512는 7의 배수이므로 435120은 7의 배수입니다.

창의적문제해결수학 02 ·········· P. 39

[정답] 1740개, 2088개, 2320개

[풀이 과정]

① 포도를 1박스당 29개씩 포장하면 A박스가 나오게 되므로 총 포도의개수는 29 × A개입니다.

② 포도를 28개씩 포장하면 A + 2박스를 포장할 수 있고 A + 3박스까지는 포장할 수 없습니다. 따라서 A의 범위는 다음과 같습니다.
28 × (A + 2) < 29 × A < 28 × (A + 3).
→ 56 < A < 84

③ 따라서 A는 57부터 83까지의 자연수입니다. 총 포도의개수는 29 × A개입니다.
29는 2 ~ 9까지의 자연수로 나누어떨어지지 않으므로 조건을 만족하기 위해서는 A가 2 ~ 9까지의 자연수 중 최소 네개 숫자의 배수가 되어야 합니다.

④ 이를 만족하는 A는 다음과 같습니다.
60 (2, 3, 4, 5, 6의 배수), 72 (2, 3, 4, 6, 8, 9의 배수),. 80 (2, 4, 5, 8의 배수)

⑤ 따라서 총 포도의개수로가능한 수는
29 × 60 = 1740,
29 × 72 = 2088,
29 × 80 = 2320입니다. (정답)

3. 여러가지 진법

대표문제1 확인하기 1 ·········· P. 45

[정답] 500

[풀이 과정]

① 전체 칸수는 10칸이고 맨 오른쪽 칸은 2^0 ~ 맨 왼쪽칸은 2^9를 의미하는 2진법입니다.

② 첫번째 그림에서 칠해진 칸의 수는 $2^2 × 1 + 1 = 5$이고, 두번째 그림에서는 $2^7 × 1 + 2^5 × 1 + 2^3 × 1 + 2^1 × 1 = 170$입니다.

③ 따라서 세번째 그림의 칠해진 칸의 수는 $(2^8 × 1) + (2^7 × 1) + (2^6 × 1) + (2^5 × 1) + (2^4 × 1) + (2^2 × 1)$ = 256 + 128 + 64 + 32 + 16 + 4 = 500입니다.

대표문제1 확인하기 2 ·········· P. 45

[정답] 풀이 과정 참조

[풀이 과정]

① <보기>는 3진법으로 왼쪽 그림의 칠한 바둑돌의 숫자는
$3^2 × 1 + 2 = 11$,
오른쪽 그림은 $3^4 × 2 + 3^3 × 1 + 3^1 × 2 + 1 = 162 + 27 + 6 + 1 = 196$입니다.

② 따라서 문제 그림은
$\{(3^4 × 1) + (3^2 × 2) + (3^1 × 1) + 2\} + \{(3^3 × 2) + (3^2 × 2) + (3^1 × 1) + 1\}$
= (81 + 18 + 3 + 2) + (54 + 18 + 3 + 1) = 180입니다.

③ $180 = (3^4 × 2) + (3^2 × 2)$ 이므로   가 됩니다.

대표문제2 확인하기 ·········· P. 47

[정답] A진법: 10200, B진법: 4034

[풀이 과정]

① A진법은 4진법으로 3 + 3 = 12(4) 가 됩니다. B진법은 5진법으로 3 + 3 = 11(5)가 됩니다. 연산식 @를 다음과 같이 4진법과 5진법으로 계산할 수 있습니다. 4진법에서
$4 = 4^1 × 1 + 4^0 × 0 = 10$이 됩니다.

```
      2301                    2301
  +   1233                +   1233
  ---------               ---------
     10200                   4034
```

▲ A진법 : 4진법   ▲ B진법 : 5진법

연습문제 01 ······················ P. 48

[정답] 42

[풀이 과정]

① A = (4 × B) + 6입니다.

② 또한 A = (2 × C + 2) × 3입니다.
  따라서 2 × B = 3 × C입니다.

③ 이를 만족하는 (B, C)는 (3, 2), (6, 4), (9, 6), (12, 8) ⋯
  입니다.

④ 46$_{(B)}$는 B진법의 수이므로 B는 6보다 크고, A가 50보다
  작은 수이므로 ①에 의해 B는 11보다 작습니다.

⑤ 6 < B < 11이므로 B는 7, 8, 9, 10 중 하나입니다.

⑥ 따라서 모든 조건을 만족하는 (B, C)는 (9, 6) 이고
  이때, A는 42입니다.

연습문제 02 ······················ P. 48

[정답] 1은 1개, 2는 3개

[풀이 과정]

① EB$_{(15)}$를 10진법의 수로 바꾸면 (E × 15) + B 이고 E =
  14, B = 11이므로 221입니다.

② 221 = (2 × 3^4) + (2 × 3^3) + (1 × 3^1) + (2 × 1)이
  므로 211 = 22012$_{(3)}$ 입니다.

③ 따라서 EB$_{(15)}$를 3진법의 수로 나타내면 1 은 1개, 2는 3개
  가 나오게 됩니다.

연습문제 03 ······················ P. 48

[정답] 81g 짜리 추 2개, 27g 짜리 추 2개, 9g 짜리 추 2개

[풀이 과정]

① 물건의 무게를 A 라고 한다면 A = (3 × 4^3) + (2 × 4^2)
  + (2 × 4) + (2 × 1) = 234 (g)입니다.

② 234 = (2 × 3^4) + (2 × 3^3) + (2 × 3^2)입니다.

③ 따라서 234는 81g 짜리 추 2개, 27g 짜리 추 2개, 9g 짜리
  추 2개를 이용하여 측정할 수 있습니다.

연습문제 04 ······················ P. 49

[정답] 15, 30, 45

[풀이 과정]

① AB$_{(13)}$ = (13 × A) + B, BA$_{(7)}$ = (7 × B) + A입니다.

② 따라서 13 × A + B = 7 × B + A입니다.
  → 2 × A = B입니다.

③ BA$_{(7)}$ 은 7진법의 수이므로 B 와 A는 6 이하의 자연수입
  니다.

④ 따라서 (A, B) = (1, 2), (2, 4), (3, 6)입니다.

⑤ 이에 해당하는 세 수는
  12$_{(13)}$ = 15, 24$_{(13)}$ = 30, 36$_{(13)}$ = 45입니다. (정답)

연습문제 05 ······················ P. 49

[정답] 6 × 3 = 11, 6 × 4 = 12

[풀이 과정]

① 6 × 11 = 19가 된다는 것은 66 = (1 × 57) + 9이므로
  57진법의 수라는 것입니다.

② 6 × 9 = 17 이 된다는 것은 54 = (1 × 47) + 7이므로
  47진법의 수라는 것입니다.

③ 6 × 6 = 14가 된다는 것은 36 = (1 × 32) + 4이므로
  32진법의 수라는 것입니다.

④ 이와 같이 6에 곱하는 수가 1씩 적어질수록 5 작은 진법의
  수로 생각하면 19부터 ~ 14까지의 수를 만들 수 있습니다.

⑤ 이와 같은 규칙으로 만들게 되면
  6 × 5 = 13 (27진법), 6 × 4 = 12 (22진법), 6 × 3 = 11
  (17진법)을 얻을 수 있습니다.

연습문제　**06** ⋯⋯⋯⋯⋯⋯⋯⋯⋯ P. 50

[정답] 5개

[풀이 과정]

① 세 자리의 6진법의 수는 각 자릿수가 6이상이 나타나지 않는 100 ~ 555까지의 수입니다. 이 수들을 10진법의 수로 나타내면 36 ~ 245까지의 수입니다.

② 36 ~ 245의 수 중 45의 배수인 수는 5와 9의 배수판정 조건을 모두 만족하는 수입니다.
　일의 자릿수가 5인 경우에 각 자리 숫자의 합이 9의 배수인 수는 다음과 같습니다.
　→ 45, 135, 225
　일의 자릿수가 0인 경우에 각 자리 숫자의 합이 9의 배수인 수는 다음과 같습니다.
　→ 90, 180

③ 따라서 세 자리의 6진법의 수 36 ~ 245 중 45의 배수인 수는 총 5개입니다. (정답)

연습문제　**07** ⋯⋯⋯⋯⋯⋯⋯⋯⋯ P. 50

[정답] $4020_{(7)}$

[풀이 과정]

① 주사위를 두번 굴려서 나온 수를 사용하여 두 자릿수를 만들면 11 ~ 16, 21 ~ 26, 31 ~ 36, 41 ~ 46, 51 ~ 56, 61 ~ 66까지 총 36개의 수를 만들 수 있습니다.

② 1 ~ 6까지의 숫자는 십의 자리, 일의 자리에 총 6개씩 나오므로 만들 수 있는 두 자릿수의 총합은 다음과 같습니다.
　→ $66 \times (1 + 2 + 3 + 4 + 5 + 6) = 1386$

③ $1386 = 4 \times 7^3 + 2 \times 7$이므로 7진법의 수로 나타내면 $4020_{(7)}$입니다.

연습문제　**08** ⋯⋯⋯⋯⋯⋯⋯⋯⋯ P. 50

[정답] 11

[풀이 과정]

① 3진법의 수 $ABC_{(3)}$을 3배하고 4진법의 수로 나타내면 $CBA_{(4)}$가 되므로 식은 다음과 같습니다.
　$(9 \times A + 3 \times B + C) \times 3 = 16 \times C + 4 \times B + A$
　$\rightarrow 26 \times A + 5 \times B = 13 \times C$

② A, B, C는 3진법의 수이므로 0또는 1또는 2입니다. 따라서 위의 식을 만족하는 (A, B, C)는 (1, 0, 2) 뿐입니다.

③ $102_{(3)} = 9 + 2 = 11$입니다.

연습문제　**09** ⋯⋯⋯⋯⋯⋯⋯⋯⋯ P. 51

[정답] $1AA9_{(12)}$

[풀이 과정]

① $AAA_{(12)} = 10 \times 12^2 + 10 \times 12 + 10$,
　$BBB_{(12)} = 11 \times 12^2 + 11 \times 12 + 11$입니다.

② 따라서 $AAA_{(12)} + BBB_{(12)} = (21 \times 12^2) + (21 \times 12) + 21 = (12 \times 12^2 + 9 \times 12^2) + (12 \times 12 + 9 \times 12) + 12 + 9$입니다.

③ 이를 정리하면 $AAA_{(12)} + BBB_{(12)} = 12^3 + 10 \times 12^2 + 10 \times 12 + 9$입니다.

④ 따라서 $AAA_{(12)} + BBB_{(12)}$을 12진법의 수로 표현하면 $1AA9_{(12)}$입니다. (정답)

연습문제 10 .... P. 51

[정답] $213_{(5)}$

[풀이 과정]

① $A = 120_{(N)} = N^2 + 2 \times N$ 이고,
$B = 43_{(N)} = 4 \times N + 3$입니다.

② $A - B = 12$이므로
$(N^2 + 2 \times N) - (4 \times N + 3) = 12$입니다.
120, 43 은 N진법의 수이므로 N 은 4보다 큰 수입니다.

③ $N^2 - 2 \times N - 15 = 0$을 만족하는 자연수 N의 값은 5 입니다. 따라서 A = 35, B = 23입니다.

④ $A + B = 58$입니다. $58 = 2 \times 5^2 + 1 \times 5^1 + 3$이므로
$58 = 213_{(5)}$입니다. (정답)

심화문제 01 .... P. 52

[정답] 9g, 27g

[풀이 과정]

① $46 = 3^3 + 2 \times 3^2 + 1$ 에서 추들은 각각 한개씩만 있으므로 $3^3, 3^2, 3, 1$의 앞에 있는 수들을 0또는 1로 만들어야 합니다.

② 3^2 앞의 수가 2이므로 양쪽에 3^2을 더합니다.
$46 + 3^2 = 3^3 + 3 \times 3^2 + 1$
$\rightarrow 46 + 3^2 = 2 \times 3^3 + 1$

③ 위와 마찬가지로 3^3 앞의 수가 2이므로 양쪽에 3^3을 더합니다.
$46 + 3^2 + 3^3 = 3 \times 3^3 + 1$
$\rightarrow 46 + 3^2 + 3^3 = 3^4 + 1$

④ 따라서 물체와 같은 쪽에 놓여지는 추는 9g, 27g 짜리입니다. (정답)

심화문제 02 .... P. 52

[정답] 8진법

[풀이 과정]

① 곱셈식에 숫자 5가 포함되어 있으므로 이 곱셈식은 6이상의진법의 수로 구성되어 있습니다.

② 이 곱셈식이 N진법의 수들이라고 하면 식은 다음과 같습니다.
$123 \times 123 = 15351$
$\rightarrow (N^2 + 2 \times N + 3) \times (N^2 + 2 \times N + 3)$
$= N^4 + 5 \times N^3 + 3 \times N^2 + 5 \times N + 1$

③ $(A + B + C) \times (D + E + F) = AD + AE + AF + BD + BE + BF + CD + CE + CF$ 이므로
이를 이용해서 식을 정리하면 이 식을 만족하는 6 이상의 자연수 N은 8입니다.

심화문제 03 .... P. 53

[정답] HIGHSCHOOL

[풀이 과정]

① <보기>의 도형은 알파벳의 순서번호를 2진법으로 표현한 도형입니다.가장 아래 칸은 1 단위이고가장 윗 칸은 2^4 단위를 나타내는 칸입니다.

② 따라서 ㉠을 숫자로 표현하면 다음과 같습니다. 8 9 7 8 19 3 8 15 15 12

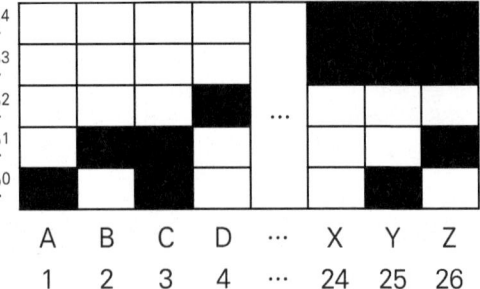

③ 알파벳 순서로 표현하면 ㉠이 나타내는 단어는 HIGHSCHOOL 입니다.

[정답] 63

[풀이 과정]

① 63을 2진법의 수로 나타내면 $111111_{(2)}$입니다. 따라서 63 이하의 모든 자연수를 2진법으로 표현하는 것은

와 같은 6칸에 0과 1의 수를 채워넣는 것이라고 생각할 수 있습니다.

② 따라서 1은 0개 ~ 6개까지 나올 수 있고 1이 홀수번 나오는 수들은 아래와 같은 방식으로 구할 수 있습니다. 총합은 다음과 같이 계산합니다.

※ $1 + 2 + 2^2 + 2^3 + 2^4 + 2^5$의 값을 S 라고 합니다.

따라서 $S + 1 = 1 + 1 + 2 + 2^2 + 2^3 + 2^4 + 2^5 = 2^6$입니다.

즉, $1 + 2 + 2^2 + 2^3 + 2^4 + 2^5 = S = 2^6 - 1$입니다.

i. 1이 1번 나올 경우

총 $2^5, 2^4, 2^3, 2^2, 2, 1$ 과 같이 6개의 수가 있고 총합은 $(2^6 - 1)$입니다.

ii. 1이 3번 나올 경우

여섯 칸에 1이 3개 들어가는 경우의 수는 총 20가지입니다.

	설명
	1이 모두 붙은 경우: 4가지
	한개가 1칸 떨어진 경우 : 6가지
	한개가 2칸 떨어진 경우 : 4가지
	한개가 3칸 떨어진 경우 : 2가지
	한칸씩 떨어진 경우 : 2가지
	1칸, 2칸 떨어진 경우 : 2가지

→ 모두 20가지 입니다.

이 20개의 수는 모두 1이 3번 나오는 경우이므로 1은 총 60개가 쓰였습니다. 총 여섯 칸이므로 각 칸에 1은 10번씩 쓰인 것으로 생각할 수 있습니다. 따라서 이 20개의 수의 총합은 다음과 같습니다.

$(10 \times 2^5) + (10 \times 2^4) + (10 \times 2^3) + (10 \times 2^2) + (10 \times 2) + 10$

따라서 이 수들의 총합은 $10 \times (2^6 - 1)$입니다.

iii. 1이 5번 나올 경우

여섯 칸에 1이 5개 들어가는 경우의 수는 총 6가지입니다. 이 6개의 수는 모두 1이 5번 나오는 경우이므로 1은 총 30개가 쓰였습니다. 총 여섯 칸이므로 각 칸에 1은 5번씩 쓰인 것으로 생각할 수 있습니다. 따라서 이 6개의 수의 총합은 다음과 같습니다. $(5 \times 2^5) + (5 \times 2^4) + (5 \times 2^3) + (5 \times 2^2) + (5 \times 2) + 5$

따라서 이 수들의 총합은 $5 \times (2^6 - 1)$입니다.

③ 따라서 1이 홀수 번 나오는 수들의 총합은 $16 \times (2^6 - 1)$이고, $16 \times (2^6 - 1) = 16 \times 63$입니다.

④ 16×63을 나눌 수 있는 가장 큰 홀수는 63입니다.

[정답] 풀이과정 참고

[풀이 과정]

① 각 가격을 2진법의 수로 생각하고 각 자리의 값을 지갑의 개수라고 생각해봅니다.

② $127 = 1111111_{(2)}$입니다.

③ 127 이하의 모든 자연수는 일곱 자리의 이진법 수로 표현이 가능합니다. (0000010 과 같이 맨 앞의 자리에 0을 넣는 방법 포함)

④ 따라서 127 유로를 각각 1, 2, 4, 8, 16, 32, 64 유로씩 나눠서 각각을 지갑에 넣어놓으면 1 ~ 127 유로까지의 어떠한 값에 대해서도 전체 또는 일부 지갑 안에 있는 돈을 전부 꺼내어 값을 지불할 수 있습니다. (예 : 95 유로의 값을 지불할 때는 32 유로가 들어있는 지갑을 제외한 모든 지갑에 들어있는 지폐를 이용하여 값을 지불합니다.

[정답] XIV

[풀이 과정]

① L 은 50 이고 VII는 7입니다. 따라서 LVII는 57입니다.

② I는 1을 의미하고 V는 5를 의미합니다. I를 V의 왼쪽에 적으면 4가 되고 오른쪽에 적으면 6이 되는 것을 확인할 수 있습니다.

③ X는 10 이고 L 은 50입니다. 20 은 XX이므로 ② 와 마찬가지의 규칙으로 문자를 적는다는 것을 확인할 수 있습니다. 따라서 XL 은 X가 L의 왼쪽에 적혀있으므로 40 이 됩니다. 즉 XLIII는 43 이 됩니다.

④ 따라서 LVII - XLIII는 57 - 43을 의미하고 이 값은 14입니다.

⑤ 14를 로마 숫자로 표기하면 XIV가 됩니다.

4. 계산식에 써넣기

[정답] 풀이 과정 참조

[풀이 과정]

① 다음과 같이 만들 수 있습니다.

㉠ : 66 - 66 = 0
　　(6 + 6) - (6 + 6) = 0
　　6 × 6 ÷ 6 - 6 = 0
　　6 × 6 - 6 × 6 = 0
　　6 + 6 - 6 - 6 = 0

㉡ : (6 × 6) ÷ 6 ÷ 6 = 1
　　6 ÷ 6 + 6 - 6 = 1
　　(6 + 6 - 6) ÷ 6 = 1

㉢ : (6 + 6 + 6) ÷ 6 = 3
　　6 × 6 ÷ (6 + 6) = 3

㉣ : 6 - (6 + 6) ÷ 6 = 4

㉤ : (6 × 6 + 6) ÷ 6 = 7

㉥ : (6 + 6) ÷ 6 + 6 = 8

[정답] 풀이 과정 참조

[풀이 과정]

① 2개의 2로 × ÷ + -를 하여 다음과 같은 수를 만들 수 있습니다. → 0, 4, 1, 22

② 2개의 2로 만든 수로 다시 2와 연산하여 다음과 같은 수를 만들 수 있습니다. → 0, 2, 6, 8, 3, 1, 2, 20, 24, 66, 11

③ 3개의 2로 만든 수로 다시 2와 연산하여 다음과 같은 수를 만들 수 있습니다. → 4, 0, 1, 4, 8, 3, 18, 6, 10, 4, 16, 5, 1, 6, 3, 1, 2, 22, 26, 12, 48, 18, 22, 40, 10, 64, 68, 33, 132, 9, 13, 22

④ 그 외에 222 + 22 = 244
　　　　2 + 2222 = 2224
　　　　22222
를 만들 수 있습니다.

⑤ ③의 결과에 다시 2를 연산하여 ㉠ ~ ㉥ 식을 만듭니다.

㉠ : (2 - 2 + 2 - 2) × 2 = 0

㉡ : 2 - 2 ÷ 2 + 2 - 2 = 1

㉢ : (2 + 2) × 2 ÷ 2 - 2 = 2

㉣ : 2 ÷ 2 + 2 + 2 - 2 = 3

㉤ : (2 - 2 ÷ 2) × 2 + 2 = 4

㉥ : (2 + 2 + 2) ÷ 2 + 2 = 5

[정답] 풀이 과정 참조

[풀이 과정]

① 결괏값이 100이 되기 위해서 세자리 수가 123이어야 합니다.

② 다음과 같이 세자리 수 123으로 식의 결괏값이 100이 되게 만들 수 있습니다. 123 - 45 - 67 + 89 = 100

[정답] 풀이 과정 참조

[풀이 과정]

① 결괏값이 99가 되기 위해서 두자릿수를 다음과 같이 만들 수 있습니다.
　　9 + 8 + 7 + 6 + 5 + 43 + 21 = 99 (+6번 사용)
　　9 + 8 + 7 + 65 + 4 + 3 + 2 + 1 = 99 (+7번 사용)

② 이 외에 다른 여러 방법이 있습니다.

연습문제　**01**　⋯⋯⋯⋯⋯⋯⋯⋯⋯⋯⋯ P. 64

[정답] ㉠ $(1 + 2) \div 3 = 1$
　　　㉡ $12 \div 3 \div 4 = 1$
　　　㉢ $12 \div (3 + 4 + 5) = 1$,
　　　㉣ $(1 + 2 - 3) \times 4 - 5 + 6 = 1$
　　　　 $(1 \times 2 \times 3) - 4 + 5 - 6 = 1$

[풀이 과정]

① 숫자 사이에 기호를 넣지 않고 1 과 2를 12로 생각해서도 연산식을 만들 수 있습니다.

② 이외에도 여러가지 방법이 있을 수 있습니다.

연습문제　**02**　⋯⋯⋯⋯⋯⋯⋯⋯⋯⋯⋯ P. 64

[정답] $(8 \div 8 + 8) \times (8 \div 8 + 8) - 8 + 8 = 81$
　　　$8 - 8 + 8 + 8 + 8 \times 8 + 8 \div 8 = 81$

[풀이 과정]

① 3개 또는 4개의 8을 이용하여 9를 만들어 81을 만들 수 있습니다.

② 이외에도 여러가지 방법이 있을 수 있습니다.

연습문제　**03**　⋯⋯⋯⋯⋯⋯⋯⋯⋯⋯⋯ P. 64

[정답] ㉠ $9 - 8 + 7 - 6 + 5 - 4 - 3 + 2 - 1 = 1$
　　　$9 \times 8 - 76 + 5 - 4 + 3 + 2 - 1 = 1$
　　　$98 - 76 - 54 + 32 + 1 = 1$
　　　㉡ $98 + 7 - 6 + 5 - 4 + 3 - 2 - 1 = 100$
　　　$9 \times 8 + 7 + 6 + 5 + 4 + 3 + 2 + 1 = 100$

연습문제　**04**　⋯⋯⋯⋯⋯⋯⋯⋯⋯⋯⋯ P. 65

[정답] ㉠ $99 \div 9 + 9 \div 9 = 12$
　　　㉡ $5 - 5 + 5 \times 5 + 5 \div 5 = 26$
　　　$5 + 5 + 5 + 55 \div 5 = 26$
　　　$5 \times 5 + 55 \div 55 = 26$

[풀이 과정]

① ㉠ 과 ㉡ 모두 하나의 숫자로 이루어진 식이므로 두개의 수 사이에 기호를 넣지않고 나눠서 11을 만들 수 있습니다. 이를 이용해서도 식을 만족하도록 만들 수 있습니다.

② 이외에도 여러가지 방법이 있을 수 있습니다.

연습문제　**05**　⋯⋯⋯⋯⋯⋯⋯⋯⋯⋯⋯ P. 65

[정답] $47 + 89 - 30 = 53 \times (18 \div 9)$

[풀이 과정]

① $18 \div \square$를 계산한 값이 자연수이므로 $\square$ = 1, 2, 3, 6, 9, 18입니다.

② 따라서 등식의 왼쪽에 있는 숫자 사이에 + 와 - 를 알맞게 써넣어 계산한 결괏값은 53, 106, 159, 318, 477, 954 가 되어야 합니다.

③ 954, 477, 318를 만들기 위해서는 등식의 왼쪽에 있는 여섯개의 수가 세 자릿수, 두 자릿수, 한 자릿수 또는 세 자릿수, 세 자릿수로 나뉜 값의 계산으로 나타나야 합니다. 이를 만족시키는 방법은 없습니다.

④ 159, 106, 53 은 두 자릿수의 합 또는 두 자릿수와 한 자릿수의 합으로 표현되어야 합니다. 이를 만족시키는 방법은 $47 + 89 - 30 = 106$일 경우 뿐입니다.

연습문제 06 ·· P. 66

[정답] $\dfrac{6}{11} \div \dfrac{1}{7} \times 1\dfrac{5}{6} - 6 = 1$

[풀이 과정]

① 대분수로 표시된 $1\dfrac{5}{6}$ 을 먼저 $\dfrac{11}{6}$ 로 나타냅니다.

② $\div \dfrac{1}{7}$ 은 $\times 7$ 이고 $7 - 6 = 1$을 이용해서 문제를 해결할 수 있습니다.

연습문제 07 ·· P. 66

[정답] 776 , 10

[풀이 과정]

① 가장 큰 수를 만들기 위해선 $+$, $\times$ 가 큰 수들 사이에서 연산이 되어야 하고 $-$, $\div$ 는 연산 기호 뒤에 오는 수가 작아야 합니다. 따라서 아래 식의 결괏값을 비교해보면 가장 큰 수를 만들 수 있는 식을 찾을 수 있습니다.

$32 \times 24 + 16 - 8 \div 1 = 776$

$32 \times 24 + 16 \div 8 - 1 = 769$

② 가장 작은 수를 만들기 위해선 $-$, $\div$ 를 알맞게 활용해야 합니다. 결괏값이 자연수가 나와야된다는 점을 잘 생각해서 값을 찾도록 합니다.

$32 - 24 + 16 \div 8 \times 1 = 10$

$32 - 24 \div 16 \times 8 + 1 = 21$

연습문제 08 ·· P. 66

[정답] ㉠ $(60 - 40 + 4) \div (3 \times 2) = 4$
㉡ $20 - \{40 - (4 + 6)\} \div 3 \times 2 = 0$

[풀이 과정]

① 숫자들을 여러 부분으로 나눠서 생각합니다.

② 이외에도 여러가지 방법이 있을 수 있습니다.

연습문제 09 ·· P. 67

[정답]

$12 \times 4 \div 3 - 6 + 5 = 15$, $4 \times 6 \div 3 - 5 + 12 = 15$

$56 \div 4 + 3 - 2 \times 1 = 15$, $43 - 6 \div 1 \times 5 + 2 = 15$

[풀이 과정]

① 1 ~ 6까지의 여섯개의 숫자와 네개의 사칙연산 기호를 이용하여 식을 만들면 두 자릿수 1개, 한 자릿수 4개의 연산이 된다는 점을 잘 이용해봅니다.

② 이외에도 여러가지 방법이 있을 수 있습니다.

연습문제 10 ·· P. 67

[정답] $(4 + 8) \times (9 - 1) \div 2 = 48$
$(4 \times 8) + \{(9 - 1) \times 2\} = 48$

[풀이 과정]

① 다섯개의 수를 일정 부분으로 나눠서 곱하거나 나눠서 48이 될 수 있는 방법을 다양하게 찾아봅니다.

② 이외에도 여러가지 방법이 있을 수 있습니다.

심화문제 01 ·· P. 68

[정답] 풀이 과정 참조

[풀이 과정]

① 18 은 2×9 또는 3×6 과 같은 방법으로 나타낼 수 있습니다. 따라서 수들을 두 부분으로 나눠서 각각 2 와 9 또는 3과 6이 나오게 한 뒤 곱하는 방법으로 18을 만들 수 있습니다.

② $(6 + 3) \times (7 - 2 + 9 \div 3) \div 4 = 18$

$\{(6 \times 3) - 7 - 2\} \times (9 - 3 - 4) = 18$

$(6 \div 3) \times (7 - 2 + 9 - 3) - 4 = 18$

$6 - 3 + 7 - 2 + 9 - 3 + 4 = 18$

③ 이외에도 여러가지 방법이 있을 수 있습니다.

[정답] 풀이 과정 참조

[풀이 과정]

① 조건에 따라 분자의 맨 앞자리 수는 반드시 1입니다.

② 3을 분수로 표현할 경우 분모의 맨 앞자리 수는 3, 4, 5 중 하나입니다.

③ 4를 분수로 표현할 경우 분모의 맨 앞자리 수는 2, 3, 4 중 하나입니다.

④ 5를 분수로 표현할 경우 분모의 맨 앞자리 수는 2, 3 중 하나입니다.

⑤ 6을 분수로 표현할 경우 분모의 맨 앞자리 수는 2입니다.

⑥ $3 = \dfrac{17469}{5823}$ $4 = \dfrac{15768}{3942}$ $5 = \dfrac{13485}{2697}$ $6 = \dfrac{17658}{2943}$

⑦ 배수판정 조건을 이용하면 추가적인 요소들을 찾을 수 있습니다.

[정답] $\dfrac{1}{2} \div 6 \times \dfrac{3}{5} + \dfrac{7}{4} = 1.8$

[풀이 과정]

① 각 네모에 들어갈 수를 A ~ F로 생각합니다.

→ $\dfrac{A}{B} \div C \times \dfrac{D}{E} + \dfrac{7}{F} = 1.8$

② $+ \dfrac{7}{F}$ 를 했을 때, 총 결괏값이 1.8이므로 F는 4, 5 중 하나입니다.

③ F가 5라면 $\dfrac{A}{B} \div C \times \dfrac{D}{E} = 0.4$ 입니다.

→ $\dfrac{A \times D}{B \times C \times E} = 0.4$

④ A, B, C, D, E는 각각 1, 2, 3, 4, 6 중 하나인데 ③의 식을 만족시킬 수 없으므로 F는 5가 아닙니다.

⑤ F가 4라면 $\dfrac{A}{B} \div C \times \dfrac{D}{E} = 0.05$ 입니다.

→ $\dfrac{A \times D}{B \times C \times E} = 0.05$

⑥ 이를 만족시키는 A, B, C, D, E는 각각 1, 2, 3, 5, 6 중 하나이고 다음과 같습니다.

(A, D) = (1, 3) 또는 (3, 1)

(B, C, E) = (2, 5, 6), (2, 6, 5), (5, 2, 6), (5, 6, 2), (6, 2, 5), (6, 5, 2)

⑦ 위의 경우의 수를 조합하면 정답은 총 12가지가 나오게 됩니다.

[정답] 풀이 과정 참조

[풀이 과정]

① 괄호를 사용할 수 없으므로 몇개의 8로 최대한 큰 수를 만들어 2020 과의 차이를 줄인 후 남은 8로 차이값을 만드는 것으로 문제를 해결할 수 있습니다.

② $8888 \div 8 + 888 + 88 \div 8 + 8 + 8 - 8 + 8 \div 8 + 8 \div 8$
$= 2020$

$888 + 888 + 88 + 88 + 88 - 88 \div 8 - 8 - 8 \div 8$
$= 2020$

③ 이외에도 여러가지 방법이 있을 수 있습니다.

[정답] 4050가지

[풀이 과정]

① □□□ + □□가 세 자릿수이고, 조건을 만족하기 위해선 □를 더해서 네 자릿수가 되어야 합니다.

따라서 □□□ + □□는 991 ~ 999까지의 수입니다. 한 자릿수 □를 더해서 네 자릿수가 되는 경우는 다음과 같습니다.

□□□ + □□ + □ = 991 + 9

□□□ + □□ + □ = 992 + 8, 992 + 9

□□□ + □□ + □ = 993 + 7, 993 + 8, 993 + 9

□□□ + □□ + □ = 999 + 1, 999 + 2, …, 999 + 9

따라서 이는 총 45가지입니다.

② □□□ + □□의 값이 991 ~ 999 (세자리 수)가 되는 경우는 다음과 같습니다.

$991 = 981 + 10 = 980 + 11 = 979 + 12 = \cdots = 894 + 97$
$= 893 + 98 = 892 + 99$

$992 = 982 + 10 = 981 + 11 = 980 + 12 = \cdots = 895 + 97$
$= 894 + 98 = 893 + 99$

$999 = 989 + 10 = 988 + 11 = 987 + 12 = \cdots = 902 + 97$
$= 901 + 98 = 900 + 99$

따라서 991 ~ 999를 □□□ + □□으로 표현하는 방법은 각각 90가지입니다.

③ 따라서 □□□ + □□가 세 자릿수일 때 마다, □□□□ = □□□ + □□ + □가 성립하므로 총 경우의 수는 45 × 90 = 4050가지입니다. (정답)

[정답] 495

[풀이 과정]

① A, B, C는 서로 다른 숫자고 A > B > C 라고 생각해보면, 만들 수 있는 가장 큰 수는 ABC 이고 가장 작은 수는 CBA 가 됩니다. 이 두 수의 차이를 생각하면 다음과 같습니다.

$$
\begin{array}{r}
A\ B\ C \\
-\ C\ B\ A \\
\hline
[A - 1 - C]\ 9\ [10 + C - A]
\end{array}
$$

② 가장 큰 수 ABC 와 가장 작은 수 CBA의 차이값의 십의 자릿수는 항상 9 이고, 백의 자릿수와 일의 자릿수를 더하면 항상 9가 됩니다. 이를 만족하는 차이값은 다음과 같습니다.
→ 198, 297, 396, 495, 594, 693, 792, 891

③ 따라서 (1, 8, 9), (2, 7, 9), (3, 6, 9), (4, 5, 9)를 이용하는 경우만 확인해보면 됩니다. 각 세 수의 조합으로 만든 가장 큰 수와 가장 작은 수의 차이를 계속 계산해 나가면 다음과 같이 495가 됩니다.
981 - 189 = 792 → 972 - 279 = 693
→ 963 - 369 = 594 → 954 - 459 = 495

④ (4, 5, 9)를 이용해서 가장 큰 수와 가장 작은 수를 만들어 차이를 계산하면 차이값도 4, 5, 9를 이용하는 수가 되므로 계속 반복해도 항상 차이값은 495가 나오게 됩니다.

5. 조건에 맞는 수

대표문제1 **확인하기 1** ·········· **P. 77**

[정답] 119, 244, 369, 494

[풀이 과정]

① 세자릿수를 ABC로 나타내려면, 조건에 따라
(10B + C) × 5 + 24 = 100A + 10B + C이 됩니다.
이때 $1 \leq A \leq 9, 0 \leq (B, C) \leq 9$ 입니다.

② 식을 풀면 C = 25A − 10B − 6 이므로
A = 1 , B = 1 , C = 9 → 119
A = 2 , B = 4 , C = 4 → 244
A = 3 , B = 6 , C = 9 → 369
A = 4 , B = 9 , C = 4 → 494

③ A가 5 이상이면 해당하는 B, C는 존재하지 않습니다.

대표문제1 **확인하기 2** ·········· **P. 77**

[정답] 116

[풀이 과정]

① 세자릿수를 ABC라고 합니다.

② 5ABC → 5000 + 100A + 10B + C입니다.
$(1 \leq A \leq 9, 0 \leq (B, C) \leq 9)$

③ 그러므로 조건에 따라
5000 + 100A + 10B + C + 800 = 51(100A + 10B + C)
5800 = 5000A + 500B + 50C
116 = 100A + 10B + C
∴ ABC = 116입니다. (정답)

대표문제2 **확인하기 1** ·········· **P. 79**

[정답] 545, 635, 725, 815

[풀이 과정]

① 세자리 수를 ABC라고 할 때 $5 \leq A \leq 9$이고 B, C는 한자릿수, 자릿수를 바꾼 세자릿수는 ACB, BAC, BCA, CAB, CBA 가 있습니다.
ABC + ACB가 1000이 되는 경우는 없으므로 ACB는 해당하지 않습니다.

② ABC + BAC = 1000 → C = 5, A + B = 9
  A = 5, B = 4, C = 5 → 545 + 455 = 1000
  A = 6, B = 3, C = 5 → 635 + 365 = 1000
  A = 7, B = 2, C = 5 → 725 + 275 = 1000
  A = 8, B = 1, C = 5 → 815 + 185 = 1000

③ ABC + BCA = 1000
  A + C = 10, B + C = 9, A + B = 9
  A = 5, B = 4, C = 5 → 545 + 455 = 1000밖에 없습니다.

④ ABC + CAB = 1000
  B + C = 10, A + B = 9
  A + C = 9이고 만족하는 ABC는 없습니다.

⑤ ABC + CBA = 1000 이때 만족하는 ABC는 없습니다.

⑥ 따라서 ABC = 545, 635, 725, 815로 각각 455, 365, 275, 185와 더하면 1000이 됩니다.

대표문제2 확인하기 2 ········· P. 79

[정답] 317개

[풀이 과정]

① 9가 적어도 한 개 이상 있는 네자리 자연수가 있을 때, 다음과 같이 9의 배수가 되는 조건을 쓸 수 있습니다.

  i. 9가 1개 포함되는 경우의 개수

  네 자리 자연수는 ABC9, AB9C, A9BC, 9ABC 인 경우이며, A + B + C 가 9의 배수입니다. A, B, C ≠ 9입니다. 맨 앞자리 수는 0이 될 수 없습니다.

  ABC9 인 경우

A	1								
B	0	1	2	3	4	5	6	7	8
C	8	7	6	5	4	3	2	1	0

A	2							
B	0	1	2	3	4	5	6	7
C	7	6	5	4	3	2	1	0

A	3							
B	0	1	2	3	4	5	6	8
C	6	5	4	3	2	1	0	8

A	4							
B	0	1	2	3	4	5	7	8
C	5	4	3	2	1	0	8	7

A	5							
B	0	1	2	3	4	6	7	8
C	4	3	2	1	0	8	7	6

A	6							
B	0	1	2	3	5	6	7	8
C	3	2	1	0	8	7	6	5

A	7							
B	0	1	2	4	5	6	7	8
C	2	1	0	8	7	6	5	4

A	8							
B	0	1	3	4	5	6	7	8
C	1	0	8	7	6	5	4	3

→ 56 + 9 = 65개

AB9C, A9BC인 경우도 똑같이 적용됩니다.

각각 65가지 → 65 × 2 = 130개

9ABC일 때는 위의 경우와 A가 0인 경우를 추가로 생각합니다. → 65 + 8 = 73개

A	0							
B	1	2	3	4	5	6	7	8
C	8	7	6	5	4	3	2	1

9가 1개 포함되는 네 자리 자연수가 9의 배수인 경우는 총 65 + 130 + 73 = 268개입니다.

  ii. 9가 2개 포함되는 경우

  네 자리 자연수는 99DE, 9D9E, 9DE9, D99E, D9E9, DE99로 쓸 수 있고, D + E = 9의 배수이고, D, E ≠ 9입니다.

  99DE인 경우

D	1	2	3	4	5	6	7	8
E	8	7	6	5	4	3	2	1

→ 8개

9D9E, 9DE9, D99E, D9E9, DE99인 경우도 각 8개씩입니다. → 8 × 5 = 40개

→ 9가 2개 포함되는 네자리 자연수가 9의 배수인 경우는 총 48개입니다.

  iii. 9가 3개 포함되는 네 자리 자연수는 9의 배수가 될 수 없습니다.

  iv. 9가 4개 포함되는 네 자리 자연수는 9999이며, 9의 배수입니다. → 1개

② 따라서 각자리 숫자에 9가 적어도 한 개 이상 포함되는 네 자리 자연수의 개수는 총 268 + 48 + 1 = 317개입니다.

연습문제 **01** ·· P. 80

[정답] 1, 6, 9

[풀이 과정]

① 서로 다른 3개의 한 자리 수를 A, B, C 라고 하면 만들 수 있는 세 자리 수는 ABC, ACB, BAC, BCA, CAB, CBA 총 6개입니다.

② ABC + ACB + BAC + BCA + CAB + CBA = (100 × A) + (10 × B) + C + ⋯ + (100 × C) + (10 × B) + A = 222 × (A + B + C) = 3552이므로
A + B + C = 16입니다.

③ 이를 만족하는 서로 다른 3개의 한 자리 수는 다음과 같습니다.
(A, B, C) = (1, 6, 9), (1, 7, 8), (2, 5, 9), (2, 6, 8), (3, 4, 9), (3, 5, 8), (3, 6, 7), (4, 5, 7)

④ 만들 수 있는 세 자리 수 중 가장 큰 수와 가장 작은 수의 차이가 792이므로 이를 만족하는 (A, B, C) = (1, 6, 9)입니다.
(961 - 169 = 792)

연습문제 **02** ·· P. 80

[정답] 12개

[풀이 과정]

① ABCD + DCBA = (1000 × A) + (100 × B) + (10 × C) + D + (1000 × D) + (100 × C) + (10 × B) + A = 1001 × (A + D) + 110 × (B + C) = 16335입니다.
16335의 일의 자리 숫자가 5이므로 A + D = 5 또는 15임을 알 수 있습니다. 이때 A + D = 5이면 16335가 나올 수 없으므로 A + D = 15입니다.
따라서 15015 + 110 × (B + C) = 16335이므로 B + C = 12입니다.

② 이를 만족하는 네 자리 수 ABCD는 다음과 같습니다.
6489, 6849, 6579, 6759, 7398, 7938, 8397, 8937, 9486, 9846, 9576, 9756

③ 따라서 ABCD + DCBA = 16335인 네 자리 수 ABCD는 총 12개입니다. (정답)

연습문제 **03** ·· P. 80

[정답] 110

[풀이 과정]

① 5390 = 7^2 × 10 × 11입니다.

② 5390 × A가 어떤 B의 제곱이 되기위해서는 A는 10 × 11 × (제곱수)로 표현이 되어야 합니다.

③ 이를 만족하는 A는 다음과 같습니다.
110 × 1^2 = 110
110 × 2^2 = 440
110 × 3^2 = 990
110 × 4^2 = 1760
⋮

④ 따라서 A의 최솟값은 110입니다. (정답)

연습문제 **04** ·· P. 81

[정답] 6138

[풀이 과정]

① 아래와 같은 경우로 나누어서 문제를 해결합니다.
 i. A > 8인 경우
 ii. 5 < A < 8인 경우
 iii. 2 < A < 5인 경우
 iv. A < 2인 경우

② A > 8인 경우
A = 9 이고 만들 수 있는 네 자리 수 중 가장 큰 수는 9852 이고 가장 작은 수는 2589입니다.
9852 + 2589 = 12441이므로 이는 조건에 맞지 않습니다.

③ 5 < A < 8인 경우
A는 6 또는 7이고 만들 수 있는 네 자리 수 중 가장 큰 수는 8A52, 가장 작은 수는 25A8입니다. A가 7 이면 8752 + 2578 = 11330이므로 조건에 맞는 A는 7입니다.

④ 2 < A < 5인 경우
A는 3 또는 4이고 만들 수 있는 네 자리 수 중 가장 큰 수는 85A2, 가장 작은 수는 2A58입니다. A가 3 또는 4일 경우 85A2 + 2A58의 값은 11330이 될 수 없습니다. 따라서 조건에 맞지 않습니다.

⑤ A < 2인 경우 A = 1이고 만들 수 있는 네 자리 수 중 가장 큰 수는 8521 이고 가장 작은 수는 1258입니다.
8521 + 1258 = 9779이므로 이는 조건에 맞지 않습니다.

⑥ 따라서 ③의 경우와 같이 A = 7 이고 2, 5, 7, 8로 만들 수 있는 네 자리 수 중 두번째로 큰 수는 8725 이고 두번째로 작은 수는 2587이므로 이 두 수의 차는 8725 - 2587 = 6138입니다. (정답)

[정답] 30가지

[풀이 과정]

① 2019년의 모든 날짜는 19ABCD로 표현될 수 있습니다. AB는 월을 뜻하는 수이므로 A는 0또는 1만 가능합니다. 따라서 각 자리 숫자가 모두 다르기 위해선 A는 0이 되어야 하고 B는 2 ~ 8까지의 숫자가 들어갈 수 있습니다.

② 2월은 30일이 없으므로 1902CD인 경우 C와 D는 만족하는 수가 없습니다.

③ 1903CD인 경우 C는 2가 들어갈 수 있으며 D는 4 ~ 8까지의 숫자가 들어갈 수 있습니다. (5가지)

④ 1904CD인 경우 C는 2, 3이 들어갈 수 있고 C가 2인 경우 D는 5가지, C가 3인 경우 D에 들어갈 수 있는 숫자는 없습니다. (5가지)

⑤ 1905CD, 1906CD, 1907CD, 1908CD의 경우도 ④와 마찬가지의 이유로 각각 5가지의 경우가 가능합니다. (20가지)

⑥ 따라서 2019년의 모든 날짜를 여섯 자리 수로 표현할 때, 각 자리 숫자가 모두 다른 경우는 총 30가지입니다. (정답)

[정답] 1724135

[풀이 과정]

① 일의 자리 숫자가 5인 일곱 자리 수는 ABCDEF5로 표현할 수 있고 일의 자리 숫자인 5를 맨 앞 자리 수로 옮기면 5ABCDEF가 됩니다.

② 새롭게 만든 일곱 자리 수는 치음의 일곱 자리 수에 3을 곱하고 8을 더한 수이므로 식은 다음과 같습니다.
5ABCDEF = ABCDEF5 × 3 + 8

③ 일의 자리 숫자인 F부터 생각하면 F는 5 × 3 + 8의 일의 자리 숫자이므로 3입니다. 오른쪽 3F + 2에서 F = 3이므로 왼쪽 E = 1입니다.
낮은 자리 수부터 차례대로 구하면 A, B, C, D, E, F는 다음과 같습니다.
A = 1, B = 7, C = 2, D = 4, E = 1, F = 3

④ 따라서 처음의 일곱 자리 수는 1724135입니다.

[정답] 800개

[풀이 과정]

① 세 자리 자연수는 100 ~ 999까지 총 900개입니다. 각 자리 숫자 중 짝수가 2개 이하인 수의 개수는 이 중 각 자리 숫자가 모두 짝수인 수의 개수를 뺀 수입니다.

② 각 자리 숫자가 모두 짝수인 수는 다음과 같이 구할 수 있습니다.
백의 자리에 들어갈 수 있는 숫자 : 2, 4, 6, 8 → 4가지
십의 자리에 들어갈 수 있는 숫자 : 0, 2, 4, 6, 8 → 5가지
일의 자리에 들어갈 수 있는 숫자 : 0, 2, 4, 6, 8 → 5가지
따라서 각 자리 숫자가 모두 짝수인 수는
총 4 × 5 × 5 = 100개입니다.

③ 따라서 세 자리 자연수 중에서 각 자리의 숫자 중 짝수가 2개 이하인 수는 900 - 100 = 800개입니다. (정답)

[정답] 29개

[풀이 과정]

① 숫자 카드로 만들 수 있는 네 자리 자연수의 각 자리 숫자의 합 B의 범위는 2 ~ 7입니다.

② B = 2인 경우 : 선택한 4 장의 숫자 카드는 0, 0, 1, 1입니다. 이 수들로 2의 배수인 네 자리 수를 만들면 1100, 1010 총 2가지를 만들 수 있습니다.

B = 3인 경우 : 선택한 4 장의 숫자 카드는 0, 0, 1, 2입니다. 이 수들로 3의 배수인 네 자리 수를 만들면 1200, 1020, 1002, 2100, 2010, 2001 총 6가지를 만들 수 있습니다.

B = 4인 경우 : 선택한 4 장의 숫자 카드는 0, 0, 1, 3 또는 0, 1, 1, 2입니다. 이 수들로 4의 배수인 네 자리 수를 만들면 1300, 3100, 1012, 1120 총 4가지를 만들 수 있습니다.

B = 5인 경우 : 선택한 4 장의 숫자 카드는 0, 1, 1, 3 또는 0, 0, 2, 3입니다. 이 수들로 5의 배수인 네 자리 수를 만들면 3110, 1310, 1130, 2300, 2030, 3200, 3020 총 7가지를 만들 수 있습니다.

B = 6인 경우 : 선택한 4 장의 숫자 카드는 0, 1, 2, 3입니다. 이 수들로 6의 배수인 네 자리 수를 만들면 1230, 1320, 1032, 1302, 2130, 2310, 3012, 3102, 3120, 3210 총 10가지를 만들 수 있습니다.

B = 7인 경우 : 선택한 4 장의 숫자 카드는 1, 1, 2, 3입니다. 이 수들로는 7의 배수인 네 자리 수를 만들 수 없습니다.

③ 따라서 조건을 만족하는 네 자리 수는 총
2 + 6 + 4 + 7 + 10 = 29개입니다.

[정답] 8개

[풀이 과정]

① 3으로 나누면 나머지가 1, 4로 나누면 나머지가 2, 5로 나누면 나머지가 3, 6으로 나누면 나머지가 4이므로 이 자연수에 2를 더하면 3, 4, 5, 6으로 모두 나누어 떨어지게 됩니다.

② 3, 4, 5, 6의 최소공배수는 60입니다. 따라서 60의 배수는 모두 3, 4, 5, 6으로 나누어 떨어지는 수입니다.

③ 따라서 조건을 만족하는 수는 60의 배수보다 2가 작은 수이며, 58, 118, 178, … 과 같은 수입니다.

④ 조건을 만족하면서 500 보다 작은 수는 58, 118, 178, 238, 298, 358, 418, 478 총 8개입니다.

[정답] 13

[풀이 과정]

① N으로 93, 171, 262를 나누면 나머지가 모두 같으므로 262 − 93, 262 − 171, 171 − 93 은 모두 N으로 나누어 떨어지게 됩니다.

② 262 − 93 = 169, 262 − 171 = 91, 171 − 93 = 78입니다. 169, 91, 78 은 N으로 나누어 떨어지므로 가장 큰 N 은 169, 91, 78의 최대공약수인 13입니다. (정답)

[정답] 풀이 과정 참고

[풀이 과정]

① 임의의 세 자리 수를 ABC 라고 하고 이 세 자리 수의 각 자리 숫자의 위치를 바꾼 세 자리 수를 A'B'C' 라고 합니다. ABC + A'B'C' = 999를 만족하는 ABC가 없다는 것을 보이면 됩니다.

② A'B'C' 는 ABC의 각 자리 숫자의 위치를 바꾼 수이므로 A + B + C = A' + B' + C' 입니다. 또한 ABC + A'B'C' = 999 이려면 A + A' = B + B' = C + C' = 9입니다. (두 수를 더해서 19가 되는 경우는 없기 때문에)

③ 따라서 A + A' + B + B' + C + C' = 9 + 9 + 9 = 27입니다.
또한 A + A' + B + B' + C + C' = A + B + C + A' + B' + C' = 2 × (A + B + C)입니다.

④ 따라서 2 × (A + B + C) = 27을 만족하는 A, B, C를 찾아야 하는데 등식의 좌변은 짝수이고 등식의 우변은 홀수이므로 모순이 생깁니다. 따라서 임의의 세 자리 수와 이 세 자리 수의 각 자리 숫자의 위치를 바꾼 세 자리 수의 합은 999가 될 수 없습니다.

[정답] $\dfrac{1}{3}$, $\dfrac{1}{4}$, $\dfrac{1}{5}$, $\dfrac{1}{6}$, $\dfrac{1}{7}$, $\dfrac{1}{8}$, $\dfrac{1}{9}$

[풀이 과정]

① $\dfrac{1}{2}$ 보다 작고 분모가 한 자리 수인 기약분수는 다음과 같습니다.

$\dfrac{1}{3}$, $\dfrac{1}{4}$, $\dfrac{1}{5}$, $\dfrac{2}{5}$, $\dfrac{1}{6}$, $\dfrac{1}{7}$, $\dfrac{2}{7}$, $\dfrac{3}{7}$, $\dfrac{1}{8}$, $\dfrac{3}{8}$, $\dfrac{1}{9}$, $\dfrac{2}{9}$, $\dfrac{4}{9}$

② 원래의 분수와 이 분수의 분모와 분자에 똑같은 임의의 자연수를 더해 만든 분수의 합이 1 이 되어야 하므로 원래의 분수를 $\dfrac{A}{B}$ 라고하면 아래의 식을 만족해야 합니다.

$$\dfrac{A}{B} + \dfrac{A + C}{B + C} = 1$$

③ B − A 와 (B + C) − (A + C)의 값은 같으므로 원래 분수의 (분모 − 분자) 값과 이 분수의 분모와 분자에 똑같은 임의의 자연수를 더해 만든 분수의 (분모 − 분자) 값은 같습니다.

④ 이를 이용해서 각 경우를 따져보면 다음과 같습니다.

$\dfrac{1}{3} + \dfrac{1 + 3}{3 + 3} = ①$ $\dfrac{1}{4} + \dfrac{1 + 8}{4 + 8} = ①$

$\dfrac{1}{5} + \dfrac{1 + 15}{5 + 15} = ①$ $\dfrac{2}{5} + \dfrac{2 + 2.5}{5 + 2.5} = 1$

$\dfrac{1}{6} + \dfrac{1 + 24}{6 + 24} = ①$ $\dfrac{1}{7} + \dfrac{1 + 35}{7 + 35} = ①$

$\dfrac{2}{7} + \dfrac{2 + 10.5}{7 + 10.5} = 1$ $\dfrac{3}{7} + \dfrac{3 + \frac{7}{3}}{7 + \frac{7}{3}} = 1$

$\dfrac{1}{8} + \dfrac{1 + 48}{8 + 48} = ①$ $\dfrac{3}{8} + \dfrac{3 + \frac{16}{3}}{8 + \frac{16}{3}} = 1$

$\dfrac{1}{9} + \dfrac{1 + 63}{9 + 63} = ①$ $\dfrac{2}{9} + \dfrac{2 + 22.5}{9 + 22.5} = 1$

$\dfrac{4}{9} + \dfrac{4 + 2.25}{9 + 2.25} = 1$

⑤ 분모, 분자에 똑같은 자연수를 더해야 하므로 문제의 조건에 맞는 기약분수는

$\dfrac{1}{3}$, $\dfrac{1}{4}$, $\dfrac{1}{5}$, $\dfrac{1}{6}$, $\dfrac{1}{7}$, $\dfrac{1}{8}$, $\dfrac{1}{9}$ 총 7개입니다

[정답] 276, 672

[풀이 과정]

① ABC × CBA = 185472이므로 먼저 185472를 소인수분해 해봅니다.
→ $185472 = 2^7 \times 3^2 \times 7 \times 23$

② 세 자리 수 × 세 자리 수 = 여섯 자리 수이고 만의 자리 숫자가 8이므로 A 와 C 중 적어도 하나는 4 이상이어야 하고, 1은 될 수 없습니다. 또한 일의 자리 숫자가 2이므로 A × C의 일의 자리 숫자는 2가 되어야 합니다.

③ 이를 만족하는 (A, C)는 (2, 6), (3, 4) 입니다. 소인수들을 적절히 조합해서 이를 만족하는 세 자리 수를 만들면 다음과 같습니다.
$672 = 2^5 \times 3 \times 7$, $276 = 2^2 \times 3 \times 23$

④ 따라서 문제의 조건에 맞는 ABC 와 CBA는 276, 672입니다.

[정답] 252개

[풀이 과정]

① 세 자리 자연수는 100 ~ 999까지 총 900개입니다.

② 각 자리 숫자에 같은 숫자가 2개 이상 있는 수는 전체 세 자리 자연수의 개수에서 각 자리 숫자가 모두 다른 세 자리 자연수의 개수를 빼주면 구할 수 있습니다.

③ 각 자리 숫자가 모두 다른 세 자리 자연수의 개수는 다음과 같이 구할 수 있습니다.
백의 자리 숫자에 가능한 수 : 1 ~ 9까지의 자연수
→ 총 9가지
십의 자리 숫자에 가능한 수 : 0 ~ 9까지의 자연수 중 백의 자리 숫자에 쓴 숫자를 제외한 수 → 9가지
일의 자리 숫자에 가능한 수 : 0 ~ 9까지의 자연수 중 백의 자리와 십의 자리에 쓴 숫자를 제외한 수 → 8가지

④ 따라서 각 자리 숫자가 모두 다른 세 자리 자연수의 개수는 9 × 9 × 8 = 648개입니다.

⑤ 문제의 조건에 맞는 각 자리 숫자에 같은 숫자가 2개 이상 있는 세 자리 자연수는 900 − 648 = 252개입니다.

6 **정답 및 풀이**

창의적문제해결수학 **01** ···················· **P. 86**

[정답] (9, 0), (0, 3), (7, 5)

[풀이 과정]

① 39의 배수이기 위해선 3의 배수이면서 13의 배수가 되어
야 합니다. 먼저 13의 배수를 만족하는 A, B를 구해 봅니
다. 일곱 자리 수 60A0B06 이 39으로 나눠떨어지기 위해
선 6×10^6, $A \times 10^4$, $B \times 10^2$, 6 각각 4개를 13으로 나
눈 나머지의 합이 13의 배수여야 합니다.

② 6×10^6을 13으로 나눈 나머지는 6, $A \times 10^4$을 13으로
나눈 나머지는 3A, $B \times 10^2$을 13으로 나눈 나머지는 9
B, 6을 13으로 나눈 나머지는 6입니다.

③ 따라서 이 4개의 나머지의 합 3A + 9B + 12가 13의 배
수이면 60A0B06 은 13으로 나눠떨어집니다.

④ A와 B는 0 ~ 9까지의 숫자가 들어갈 수 있으므로
12 ≤ 3 A + 9 B + 12 ≤ 120입니다.

3A + 9B + 12 = 13을 만족하는 (A, B)는 없습니다.

3A + 9B + 12 = 26을 만족하는 (A, B)는 없습니다.

3A + 9B + 12 = 39를 만족하는 (A, B)는
(9, 0), (6, 1), (3, 2), (0, 3) 4가지입니다.

3A + 9B + 12 = 52를 만족하는 (A, B)는 없습니다.

3A + 9B + 12 = 65를 만족하는 (A, B)는 없습니다.

3A + 9B + 12 = 78을 만족하는
(A, B)는 (7, 5), (4, 6), (1, 7) 3가지입니다.

3A + 9B + 12 = 91을 만족하는 (A, B)는 없습니다.

3A + 9B + 12 = 104를 만족하는 (A, B)는 없습니다.

3A + 9B + 12 = 117을 만족하는 (A, B)는 (8, 9)
1가지입니다.

⑥ 또한, 3의 배수가 되기 위해선 각 자리 숫자의 합이 3의
배수가 되어야 합니다.

⑦ 따라서 39의 배수가 되기 위한 (A, B)는 (9, 0), (0, 3),
(7, 5)입니다.

창의적문제해결수학 **02** ···················· **P. 87**

[정답] 370 또는 407

[풀이 과정]

① 먼저 무우가 말해준 문장 중 가짜 힌트인 문장을 찾아냅니다.
무우 : 각 자리 숫자를 모두 곱한 값은 23 이야
→ 23 은 소수이므로 약수가 1과 자기자신 뿐입니다. 따라
서 십진법 수의 각 자리 숫자를 모두 곱한 값은
23 이 될 수 없습니다.
따라서 무우가 말한 "이 수는 세 자리 수야"가 진짜 힌
트가 됩니다.

② 상상이가 말해준 "이 수는 똑같은 숫자로 이루어져 있어"
가 진짜 힌트라고 생각해봅니다. 이러한 500보다 작은
세 자리 수는 111, 222, 333, 444입니다.
하지만 이 수들은 제이가 말해준 두 문장 모두가 가짜 힌
트가 되는 수입니다.
따라서 상상이가 말해준 "이 수는 똑같은 숫자로 이루어
져 있어"는 가짜 힌트가 되고 "이 수는 37로 나눌 수 있
어"가 진짜 힌트가 됩니다.

③ 따라서 이 3명의 친구들이 생각한 수는 500 이하의 세 자
리 자연수 중 37의 배수가 됩니다.
i. 제이가 말한 "이 수는 11로 나눌 수 있어"가 진짜 힌트
가 되고 "이 수의 일의 자리 숫자는 0이야"가 가짜 힌트
가 되기 위한 수는 407입니다.
ii. 제이가 말한 "이 수의 일의 자리 숫자는 0이야"가 진짜
힌트가 되고 "이 수는 11로 나눌 수 있어"가 가짜 힌트
가 되기 위한 수는 370입니다.

④ 따라서 무우, 상상, 제이가 모여서 생각한 수는 407 또는
370입니다.

6. 끝수와 숫자의 개수

대표문제 1 확인하기 1 ⋯⋯⋯⋯⋯⋯⋯⋯⋯⋯ P. 93

[정답] 5

[풀이 과정]

① 두자리 홀수 중 가장 작은 수부터 연속된 10개의 홀수의 곱은
$11 \times 13 \times 15 \times 17 \times 19 \times 21 \times 23 \times 25 \times 27 \times 29$
인데, 일의 자리 수를 곱하면 $1 \times 3 \times 5 \times 7 \times 9$를 두 번 곱한 꼴입니다.

② $1 \times 3 \times 5 \times 7 \times 9$의 끝수는 5입니다.
따라서 $1 \times 3 \times 5 \times 7 \times 9$를 두 번 곱한 식의 끝수도 5 입니다. (정답)

대표문제 1 확인하기 2 ⋯⋯⋯⋯⋯⋯⋯⋯⋯⋯ P. 93

[정답] 4

[풀이 과정]

① $1 \times 4 \times 4 \times 4 \times 4 \cdots$ → 끝수 4, 6이 반복됩니다.
→ 73번(홀수 번)곱했을 때, 끝수는 4입니다.
$1 \times 17 \times 17 \times 17 \times 17 \cdots$
→ 끝수는 7, 9, 3, 1이 반복됩니다.
48번(4의 배수번) 곱했을 때, 끝수는 1입니다.
$1 \times 9 \times 9 \times 9 \times 9 \times 9 \times 9 \times 9 \times 9 \times 9 \cdots$
→ 끝수는 9, 1이 반복됩니다. 9를 20번(짝수 번) 곱하면 끝수는 1입니다.

② 따라서 $4 \times 1 \times 1$의 일의 숫자는 4이므로
$4^{73} \times 7^{48} \times 9^{20}$는 끝수가 4입니다. (정답)

대표문제 2 확인하기 1 ⋯⋯⋯⋯⋯⋯⋯⋯⋯⋯ P. 95

[정답] 14번

[풀이 과정]

① 50 ~ 150의 수 중 5의 배수는 50, 55, 60, 65, 70, 75, 80, 85, 90, 95, 100로 11개입니다.
50 ~ 150의 수 중 25의 배수는 50, 75, 100으로 총 3개입니다.

② 따라서 $50 \times 51 \times 52 \cdots 100$에 포함된 5의 개수는 총 14개입니다. 2의 개수는 14개보다 많으므로 곱셈식에 포함된 2×5의 수는 14개이고 곱셈식에 포함된 일의 자리부터 연속된 0의 개수는 14개입니다.

③ 따라서 곱셈식을 10으로 나눈다면 14번 나누어 떨어집니다. (정답)

대표문제 2 확인하기 2 ⋯⋯⋯⋯⋯⋯⋯⋯⋯⋯ P. 95

[정답] 67개

[풀이 과정]

① 일의 자리부터 연속된 0의 개수는 이 곱셈식에 포함된 (2×5)의 개수와 같습니다.

② 5^{73}에는 5가 73번 포함됩니다.

③ $8^{11} \times 4^{17} = 2^{33} \times 2^{34} = 2^{67}$로 2가 67번 포함됩니다.

④ 따라서 이 곱셈식에는 (2×5)가 67번 포함되므로 결괏값의 일의 자리부터 연속된 0의 개수는 67개 입니다. (정답)

연습문제 01 ⋯⋯⋯⋯⋯⋯⋯⋯⋯⋯ P. 96

[정답] 6

[풀이 과정]

① 일의 자리 숫자가 3인 수들과 8인 수들로 나눠서 먼저 생각합니다.

② 3을 계속 곱해나가면 일의 자리 숫자는 3, 9, 7, 1 이 반복되고 8을 계속 곱해나가면 일의 자리 숫자는 8, 4, 2, 6 이 반복됩니다.

③ $3 \times 13 \times \cdots \times 83 \times 93$은 일의 자리에서 3을 10번 곱한 것이고 10은 4로 나눌 때, 나머지가 2이므로 계산한 결괏값의 일의 자리 숫자는 9이고 $8 \times 18 \times \cdots \times 88 \times 98$은 일의 자리에서 8을 10번 곱한 것이므로 계산한 결괏값의 일의 자리 숫자는 4입니다.

④ 따라서 $3 \times 8 \times 13 \times 8 \times \cdots \times 88 \times 93 \times 98$을 계산한 결괏값의 일의 자리 숫자는 9×4의 일의 자리 숫자인 6입니다. (정답)

6 정답 및 풀이

연습문제 02 .... P. 96

[정답] 4

[풀이 과정]

① $\dfrac{1}{7}$ 을 소수로 나타내면 $0.142857142857\cdots$로 142857가 계속 반복됩니다.

② 주기는 6이고 2000을 6으로 나누면 나머지는 2이므로 소수점 아래 2000번째 자리 숫자는 두번째 숫자인 4입니다. (정답)

연습문제 03 .... P. 96

[정답] 4

[풀이 과정]

① 7을 계속 곱해나가면 일의 자리 숫자는 7, 9, 3, 1 이 반복됩니다. 주기는 4이고 2002는 4로 나누면 나머지가 2이므로 7을 2002번 곱한 수의 일의 자리 숫자는 9입니다.

② 따라서 7을 2002번 곱한 수를 5로 나눈 나머지는 4입니다. (정답)

연습문제 04 .... P. 97

[정답] 21개

[풀이 과정]

① $15! = 1 \times 2 \times 3 \times \cdots \times 14 \times 15$ 이고 15보다 작은 수 중 5의 배수는 3개이므로 15! 에는 5가 총 3개 곱해져 있습니다.

마찬가지로 75 보다 작거나 같은 수 중 5의 배수가 15개, 25의 배수가 3개이므로 75! 에는 5가 총 18개 곱해져 있습니다.

② 이 곱셈식에는 2가 반드시 18번 이상 곱해져 있고, 결괏값의 일의 자리부터 연속된 0의 개수는 곱해진 (2×5)의 개수와 같습니다.

③ 따라서 $15! \times 75!$을 계산한 결괏값의 일의 자리부터 연속된 0의 개수는 $3 + 18 = 21$개입니다.

연습문제 05 .... P. 97

[정답] 6

[풀이 과정]

① 수를 조합해서 10을 몇개 만들 수 있는지를 먼저 파악합니다.

② $5^5 \times 12^2 \times 7^3 \times 6^3 = 5^5 \times (2^2 \times 3)^2 \times 7^3 \times (2 \times 3)^3$
$= 5^5 \times 2^4 \times 3^2 \times 7^3 \times 2^3 \times 3^3$
$= 5^5 \times 2^7 \times 3^5 \times 7^3$
$= 10^5 \times 2^2 \times 3^5 \times 7^3$

③ 따라서 이 수는 $2^2 \times 3^5 \times 7^3$의 뒤에 0 이 5개 붙어있는 수입니다.

④ 2^2 은 4, 3^5의 일의 자리 숫자는 3, 7^3의 일의 자리 숫자는 3이므로 $5^5 \times 12^2 \times 7^3 \times 6^3$을 계산한 결괏값에서 연속한 0을 제외한 가장 작은 자리에 있는 숫자는 $4 \times 3 \times 3$의 일의 자리 숫자인 6입니다. (정답)

연습문제 06 .... P. 98

[정답] 9

[풀이 과정]

① 2를 계속 곱하면 일의 자리 숫자는 2, 4, 8, 6이 반복됩니다. 따라서 2^{24}의 일의 자리 숫자는 6입니다.

② 3을 계속 곱하면 일의 자리 숫자는 3, 9, 7, 1이 반복됩니다. 따라서 3^{32}의 일의 자리 숫자는 1입니다.

③ 7을 계속 곱하면 일의 자리 숫자는 7, 9, 3, 1이 반복됩니다. 따라서 7^{39}의 일의 자리 숫자는 3입니다.

④ 9를 계속 곱하면 일의 자리 숫자는 9, 1이 반복됩니다. 따라서 9^{31}의 일의 자리 숫자는 9입니다.

⑤ 따라서 $2^{24} + 3^{32} + 7^{39} + 9^{31}$의 일의 자리 숫자는 $6 + 1 + 3 + 9$의 일의 자리 숫자인 9입니다. (정답)

연습문제 07 .... P. 98

[정답] 41번

[풀이 과정]

① 100 보다 작거나 같은 수 중 5의 배수는 20개, 25의 배수는 4개입니다. 따라서 100! 에 곱해져 있는 (2×5)의 개수는 총 $20 + 4 = 24$개입니다.

② $8^8 \times 5^{17} = 2^{24} \times 5^{17}$이므로 여기에 곱해져 있는 (2×5)의 개수는 17개입니다.

③ 따라서 $100! \times 8^8 \times 5^{17}$을 계산한 결괏값의 일의 자리부터 연속된 0의 개수는 $24 + 17 = 41$개입니다. 즉, 이 수를 10으로 계속 나눈다면 최대 41번까지 나누어 떨어지게 됩니다.

[정답] 20자리 수

[풀이 과정]

① $4^9 \times 5^{19} \times 7 = 2^{18} \times 5^{19} \times 7 = (2 \times 5)^{18} \times 5 \times 7$ 입니다.

② 따라서 이 수는 $5 \times 7 = 35$ 뒤에 연속된 0이 18개 있는 수입니다. → 35000⋯000 (0이 18개)

③ 따라서 이 수는 20자리 수입니다. (정답)

[정답] 3

[풀이 과정]

① $2! = 1 \times 2$, $3! = 1 \times 2 \times 3$, $4! = 1 \times 2 \times 3 \times 4$ 입니다.

② $5!$이상 부터는 곱셈식에 (2×5)가 적어도 하나이상 포함되므로 일의 자리 숫자가 항상 0입니다.

③ 따라서 $1 + 2! + 3! + 4! + \cdots + 28! + 29! + 30!$을 계산한 결괏값의 일의 자리 숫자는.
$1 + 2! + 3! + 4!$의 일의 자리 숫자와 같으므로.
$1 + 2 + 6 + 24 = 33$의 일의 자리 숫자인 3입니다.

[정답] 31개

[풀이 과정]

① $A = 1 + 2^2 + 2^4 + \cdots + 2^{28} + 2^{30}$ 와
$B = 2 + 2^3 + 2^5 + \cdots + 2^{27} + 2^{29}$의 합인
$A + B = 1 + 2 + 2^2 + 2^3 + \cdots + 2^{28} + 2^{29} + 2^{30}$ 이고
이 수를 이진법의 수로 나타내면
$A + B = 1111 \cdots 111_{(2)}$ (1 이 31개)입니다.

② $C_{(2)} = A + B + 1$
$= 1111 \cdots 111_{(2)} + 1_{(2)} = 1000 \cdots 000_{(2)}$
(0 이 31개)입니다.

③ 따라서 이 이진법의 수 C의 일의 자리부터 연속된 0의개 수는 31개입니다. (정답)

[정답] 22개

[풀이 과정]

① 100보다 작거나 같은 5의 배수는 20개, 25의 배수는 4개이므로 100! 에 포함되어 있는 (2 × 5)의 개수는 총 24개입니다. 따라서 100!의 일의 자리부터 연속된 0의 개수는 24개입니다.

② 따라서 $100! = C000 \cdots 000$ (C는 일의 자리 수가 0 이 아닌 N 자리 자연수, 0 은 24개)입니다.

③ 100! 에서 81을 뺀 100! − 81의 일의 자리 수는 9, 십의 자리 수는 1 이고 백의 자리부터 연속된 9의개수는 22개입니다.
(→ 81을 빼면 C의 일의 자리 숫자에서 10을 받아내려서 계산해야 합니다. C의 일의 자리 숫자는 0이 아니므로 1을 빼서 9가 될 수 없습니다.)

[정답] 1999개

[풀이 과정]

① A = 66666 ⋯ 66666 (연속된 6 이 2001개),
B = 55555 ⋯ 55555 (연속된 5가 2001개)이므로
A + B는 다음과 같습니다.
A + B = 122222 ⋯ 22221 (2002 자리 수, 연속된 2가 2000개)

② 따라서 9 × (A + B)는 다음과 같습니다.
9 × (A + B) = 1099999 ⋯ 999989 → (2003 자리 수)
왼쪽 끝의 10과 오른쪽 끝의 89를 제외한 모든 자리 수는 연속된 9로 이루어져 있으므로 9 × (A + B)를 계산한 결괏값에서 연속된 9는 최대 1999개까지 나오게 됩니다.

심화문제 03 ································ P. 101

[정답] 205, 206, 207, 208, 209

[풀이 과정]

① $N! = 1 \times 2 \times 3 \times \cdots \times (N - 1) \times N$입니다. 이를 계산한 결괏값의 일의 자리부터 연속된 0의개수가 50개가 되기 위해선 이 식에 포함된 (2×5)의개수가 50개이고 $N!$ 에 곱해져 있는 2의 개수는 5의 개수보다 반드시 많으므로 이는 이 식에 포함된 5의개수가 50개라는 뜻입니다.

② N이 200인 경우를 예로 들면 200보다 작거나 같은 수 중 5의 배수는 40개, 25의 배수는 8개, 125의 배수는 1개이므로 200!의 일의 자리부터 연속된 0의개수는 40 + 8 + 1 = 49개입니다.

③ 따라서 5가 1개 더 있으면 총 5의 개수가 50개가 될 수 있습니다.

④ 200보다 큰 수 중 가장 작은 5의 배수는 205이고 이 수는 25 와 125의 배수가 아니므로 5를 한개 더 포함하는 수가 됩니다.

⑤ 205보다 작거나 같은 수 중 5의 배수는 41개, 25의 배수는 8개, 125의 배수는 1개이므로 205!의 일의 자리부터 연속된 0의개수는 41 + 8 + 1 = 50개입니다.

⑥ 206, 207, 208, 209는 5의 배수가 아니고 210 은 5의 배수이므로 206!, 207!, 208!, 209! 은 205! 과 마찬가지로 일의 자리부터 연속된 0의 개수는 50개, 210!의 일의 자리부터 연속된 0의 개수는 51개입니다.

⑦ 따라서 일의 자리부터 연속된 0의 개수가 50개인 N!을 만족하는 N은 205, 206, 207, 208, 209입니다.

심화문제 04 ································ P. 101

[정답] N = 6 , 29개

[풀이 과정]

① 11111 ⋯ 1111122222 ⋯ 22222
      <u>30개</u>   <u>30개</u>

= 11111 ⋯ 11111 × 10000 ⋯ 00002입니다.
  <u>30개</u>   <u>29개</u>

② 10000 ⋯ 00002 = 3 × 33333 ⋯ 333334 이고 여기
   <u>29개</u>   <u>29개</u>

서 나온 3과 11111 ⋯ 11111을 곱하면 3이 30개 연속된
        <u>30개</u>

33333 ⋯ 33333 이 됩니다.
  <u>30개</u>

③ 따라서 곱해서 〈보기〉의 수가 되는 연속하는 두개의 자연수는 다음과 같습니다.
33333 ⋯ 33333, 33333 ⋯ 333334
  <u>30개</u>   <u>29개</u>

④ 따라서 이 두 수를 합하면 66666 ⋯ 666667 이 되고 즉
        <u>29개</u>

이 수는 일의 자리 수 7을 제외한 모든 자리 수에 6 이 연속되는 30 자리 수입니다.

⑤ 따라서 N은 6 이고, N은 총 29개 나오게 됩니다.

[정답] 200개

[풀이 과정]

[풀이 과정]

① $1999 \cdots 994 \times 6 = (1000 \cdots 000 + 999 \cdots 994) \times 6$ 로 나눠서 생각합니다. (99개 / 100개 / 99개)

② $999 \cdots 994 \times 999 \cdots 994 + (1000 \cdots 000 + 999 \cdots 994) \times 6$
$= 999 \cdots 994 \times 999 \cdots 994 + 1000 \cdots 000 \times 6 +$
$999 \cdots 994 \times 6$ 입니다.
(99개 / 99개 / 99개 / 99개 / 100개 / 99개)

③ 위의 식을 정리하면 $999 \cdots 994 \times (999 \cdots 994 + 6) +$
$1000 \cdots 000 \times 6$ 입니다.
(99개 / 99개 / 100개)

④ 이는 $999 \cdots 994 \times 1000 \cdots 000 + 1000 \cdots 000 \times 6$
$= (999 \cdots 994 + 6) \times 1000 \cdots 000$ 입니다.
(99개 / 100개 / 100개 / 99개 / 100개)

④ 따라서 이를 계산하면 $1000 \cdots 000$ 입니다.
(200개)

[정답] 바토무슈 = 9376

[풀이 과정]

① '바토무슈'의 각 자리를 A, B, C, D라고 하고 조건에 맞게 식을 적으면 아래 식과 같습니다.

② 일의 자릿수인 D부터 먼저 생각하면 D × D의 일의 자리 수가 D가 되어야 하므로 D는 0, 1, 5, 6 중 하나입니다.

③ D = 0일 경우
C0 × C0의 끝 두 자리 수는 C0 이 되어야 하므로 C = 0 이 되어야 합니다. AB00 × AB00의 끝 네 자리 수는 0000이므로 A와 B도 0이 되므로 모순이 생기게 됩니다.

④ D = 1일 경우
C1 × C1의 끝 두 자리 수가 C1 이 되어야 하므로 C = 0 이 되어야 합니다. 또한 B01 × B01의 끝 세 자리 수는 B01 이 되어야 하므로 B = 0 이 됩니다.
하지만 A001 × A001의 끝 네 자리 수가 A001이 나오기 위해선 A = 0이어야 합니다. 따라서 이 경우는 모순입니다.

⑤ D = 5일 경우
C5 × C5의 끝 두 자리 수는 C5가 되어야 하므로 C = 2 가 되어야 합니다. 또한 B25 × B25의 끝 세 자리 수는 B25가 되어야 하므로 B = 6이 됩니다.
하지만 B = 6, C = 2, D = 5일 때, A625 × A625의 끝 네 자리 수가 A625가 되는 A는 존재하지 않습니다. 따라서 이 경우는 모순입니다.

⑥ D = 6일 경우
C6 × C6의 끝 두 자리 수가 C6 이 되어야 하므로 C = 7 이 되어야 합니다. 또한 B76 × B76의 끝 세 자리 수는 B76 이 되어야 하므로 B = 3 이 됩니다. A376 × A376 의 끝 네 자리 수가 A376이 되는 A는 9입니다.

⑦ 9376 × 9376 = 87909376이므로 조건에 맞는 네 자리 수는 9376입니다.
따라서 '바' = 9, '토' = 3, '무' = 7, '슈' = 6입니다.

```
        A B C D
      × A B C D
     ──────────
      □□□□□    … ㉠
      □□□□□    … ㉡
     □□□□□     … ㉢
    □□□□□      … ㉣
   ──────────
   □□□□A B C D
```

창의영재수학

아이 앤 아이

무한상상 교재 활용법

무한상상은 상상이 현실이 되는 차별화된 창의교육을 만들어갑니다.

	아이앤아이 시리즈					
	특목고, 영재교육원 대비서					
	아이앤아이 영재들의 수학여행	아이앤아이 꾸러미	아이앤아이 꾸러미 120제	아이앤아이 꾸러미 48제	아이앤아이 꾸러미 과학대회	창의력과학 아이앤아이 I&I
	수학 (단계별 영재교육)	수학, 과학	수학, 과학	수학, 과학	과학	과학
6세~초1	출시 예정	수, 연산, 도형, 측정, 규칙, 문제해결력, 워크북 (7권)				
초 1~3	수와 연산, 도형, 측정, 규칙, 자료와 가능성, 문제해결력, 워크북 (7권)					
초 3~5	수와 연산, 도형, 측정, 규칙, 자료와 가능성, 문제해결력 (6권)		수학, 과학 (2권)	수학, 과학 (2권)		
초 4~6	수와 연산, 도형, 측정, 규칙, 자료와 가능성, 문제해결력 (6권)				과학토론 대회, 과학산출물 대회, 발명품 대회 등 대회 출전 노하우	
초 6	수와 연산, 도형, 측정, 규칙, 자료와 가능성, 문제해결력 (6권)			수학, 과학 (2권)		
중등			수학, 과학 (2권)			
고등					과학토론 대회, 과학산출물 대회, 발명품 대회 등 대회 출전 노하우	물리(상,하), 화학(상,하), 생명과학(상,하), 지구과학(상,하) (8권)